KB048566

살아 있는 동안
꼭 봐야 할 우리 꽃 100

살아 있는 동안
꼭 봐야 할 우리 꽃 100

권혁재 · 조영학 지음

권혁재의 핸드폰 카메라가 담은
사계절 들꽃 이야기

동아시아

• 일러두기

꽃 이름은 국가생물종지 닉킹보시스템을 기슈으로 합니다.

"권 기자의 핸드폰 사진으로 우리 들꽃 이야기를 해보면 어떨까요?"

2019년 말 난데없이 조영학 작가가 제게 한 제안입니다. 뜬금없지만 솔깃했습니다. 고백하자면 산과 들에 핀 우리 꽃에 늘 미련이 있었습니다. 26여 년 사진기자 노릇 중에 여행·레저 담당만 17년 가까이 했습니다. 그러니 여행 사진도 촬영하고 우리 꽃도 찍어 신문에 소개했죠. 백두산에서만 100여 종 남짓을 카메라에 담아 신문 세 면에 걸쳐 게재도 했죠. 그 외에도 전국을 돌아다니며 온갖 꽃을 필름에 담았습니다만… 그게 다였습니다.

야생화를 촬영해 신문에 싣기만 했지 그 후로 까마득히 존재를 잊신 김니다. 사진 비로 복 룹써 보면 비록까지 기억니지 않았습니다. 심지어 촬영 사실조차 까맣게 잊는 게 태반이었죠. 그렇게 많이 카메라에 담고 신문에 실었는데 이름조차 기억나지 않는 이유가 뭘까요?

예, 물론 꽃을 예쁘게 찍는 데만 십중했기 때문입니다. 꽃들이 품은 이야기는 젖혀두고 생긴 모습만 봤으니 꽃이라는 게 당최 가슴에 맺힐 리가 없었겠죠. 결국 꽃은 껍데기만 남고, 꽃을 향한 미련은 계속 쌓이고 또 쌓였던 게죠. 이런 터에 우리 꽃 이야기와 사진 이야기를 함께 해보자는 조 작가의 제안에 솔깃하지 않을 수 없었습니다. 열 일 제쳐두고 흔쾌히 제안을 받아들였습니다. 산과 들로 다니며 조 작가의 한마디 한마디에 귀를 쫑긋 세웠습니다.

"사람들이 벚꽃을 좋아하는 이유를 아세요? 변산바람꽃은 왜 하필 엄동설한에 꽁꽁 언 북사면에 필까요, 따뜻한 남쪽이 아니라? 복수초는 정월 초면 쌓인 눈을 녹이며 꽃을 밀어 올더요. 그 힘이 어디에서 나올까요? 동강할미꽃은 왜 하필 흙 한 줌 없는 바위를 삶터로 택했을까요?”

조 작가가 제게 들려준 건 우리 꽃의 삶이었습니다. 꽃 피는 데는 이유가, 꽃 피는 때엔 생존 전략이, 꽃 피는 곳엔 의미가 있었습니다. 꽃의 삶을 듣고 보니 그들의 생김보다 그들 삶의 이야기가 먼저 핸드폰 카메라에 맺혔습니다. 언제, 어디서, 어느 이름으로 피는지가 그들의 이야기로 맺히게 된 겁니다. 이렇게 찍고 본 친구들은 더는 제게서 잊히지 않았습니다. 오히려 더 오롯이 가슴에 맺혔죠. 두고두고 잊히지 않을 우리 꽃으로요.

『살아 있는 동안 꼭 봐야 할 우리 꽃 100』은 전문적인 야생화 찍으 이내이다 그보다느 쏙이 남고 있는 우리 이야기들을 제 부족한 핸드폰 카메라에 담고 싶었습니다. 그러니까 ‘핸드폰으로 담은 들꽃 이야기'쯤 될 것 같네요. 요즘 핸드폰이 많이 보급되고 발달하면서, 핸드폰 하나 들고 산책 겸 야생화들을 보러 다니는 사람들이 많아졌습니다. 그런데 생각보다 야생화 찍는 방법은 물론, 자신이 촬영 중인 꽃의 이름이나 이야기를 모르는 분들이 많은 것 같았습니다. 조 작가는 이야기를 들려주고 전 그 이야기를 카메라에 담으면, 들꽃과 가까워지는 데 조금은 도움이 되지 않을까 싶었습니다. 제가 꽃과 만나면서 그들의 이야기를 듣고 사랑에 빠졌듯, 여러분도 저처럼 우리 들꽃과 사랑에 빠지기를 빌어봅니다. 김춘수 시인의 얘기처럼, 꽃은 이름을 불러주어야 비로소 내게로 와 의미가 되는 것이 아닐까요?

꽃 자리 안내와 꽃 이야기 등 여러 가지로 도와주신 Agnes Cho, 이선옥, 깅덕근, 이새섬(국야), 박범문, 고명진, 박창신,

최동기 님에게도 고마움을 전합니다. 제 마음속에 꽃이 맺혔습니다. 아울러 고마움도 깊이 맺혔습니다.

2021년 가을 꽃 고운 날

권혁재

차례

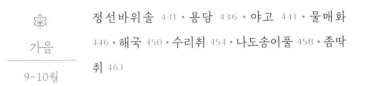

봄

2~4월

*
복수초

얼음 뚫고 피어나리

복수초만큼 다양한 이름을 가진 꽃도 드물 겁니다. 눈 속에서 피는 꽃이라 하여 '눈색이꽃', 얼음 속에서 핀다고 하여 '얼음새꽃', 눈 속에 핀 연꽃이라 하여 '설련화', 햇빛을 잔뜩 모은 채 금빛 내는 모습이 금잔 같다고 '측금잔화', 음력 정월 초하루면 피기 시작한다고 하여 '원일초' 등으로 불립니다.

이름에 얽힌 이야기 하나하나가 정겹습니다. 이렇듯 이름이 다양한 이유는 뭘까요? 꽃 그리운 한겨울에 꽃을 피워 올리기 때문입니다. 게다가 언 땅을 뚫고 피워낸 꽃이 노랗디노랗습니다. 삭풍에도 아랑곳없이 샛노란 꽃은 겨우내 사람의 언 마음마저 금세 녹입니다. 이것이 꽃 본 사내 시비티비 스신... 등 이름이 지어진 겁니다.

그렇다면 복수초가 언 땅을 뚫고 얼음과 눈을 녹이며 필 수 있는 비결이 뭘까요? 주변보다 복수초의 체온이 6~7도 더 높기 때문입니다. 그렇기에 자기 체온으로 눈과 얼음을 녹이며 꽃을 내밀 수 있는 겁니다. 조영학 작가의 설명을 듣고 꽃을 보면 복수초의 삶이 더 경이롭게 다가옵니다.

"피어난 복수초 꽃을 자세히 보면 잔처럼 오목해요. 햇빛을 많이 모으는 구조로 이루어져 있죠. 오목하게 빛 받은 꽃잎은 화사한 금빛을 반사합니다. 추운 날 벌레가 놀이터로 삼기 좋은 구조랍니다. 이 따뜻한 잔 속에서 벌레들이 노닐다가 꽃가루를 나르면서 종족 번식이 되는 것이고요. 언 땅에서도 살아남기 위한 노력이 이러한 진화로 이어진 겁니다."

벌레 드문 추운 계절에 꽃을 틔우고서도 이리 너끈히 살아내는 그들만의 전략, 참으로 신비롭습니다.

그런데 말입니다. 그들의 전략인 오묘한 꽃의 구조가 사진 찍는 데 까다로운 요소가 됩니다. 햇빛을 모으는 오목한 잔 모양 때문에 꽃이 유난히 밝습니다. 꽃 안에서 꽃잎끼리 서로 난반사를 일으키니 눈부실 정도입니다. 꽃 주변은 어두운 갈색 낙엽이고, 꽃은 눈부실 정도로 밝은 상황에서 핸드폰 자동 모드로 찍으면 십중팔구 꽃이 너 밝게 찍힙니다. 흰색 빛나게 비비랜 한색 또는 하얀색으로 표현됩니다. 자동 모드로 이를 해결하기엔 난감합니다만, 수동 모드는 아주 간단하게 해결할 수 있습니다.

우선 수동 모드에서 노출 조절바를 선택합니다. 노출 조절바를 아래로 내려줍니다. 꽃이 노란색으로 보일 때까지 내려주기만 하면 됩니다. 이러면 상대적으로 어두운 배경은 더 어두워집니다. 결과적으로 어둑한 숲에 샛노란 꽃이 홀로 등불처럼 빛나는 사진이 만들어집니다. 노출 조절바를 아래로 움직이는 아주 간단한 수고에 비해 얻는 결과는 사뭇 다릅니다.

복수초

◎ 분류: 미나리아재비과

◎ 서식지: 전국 산지

우리나라에서는 제일 먼저 피는 꽃이다. 지리산과 동해에서는 1월 초에 꽃을 피우기도 한다. 보통 복수초, 개복수초, 세복수초로 나뉘는데, 복수초와 개복수초는 외형에서 큰 차이가 없다. 세복수초는 잎이 가늘어서 세복수초라고 한다.

함께 보면 좋은 꽃

세복수초

꽃보다 무성한 잎이 먼저 나오며
남부 지방, 특히 제주도에 많이 핀다.

※

변 산 바 람 꽃

변산아씨의 봄나들이

봄인 듯하면 겨울이고 겨울인가 하면 봄인 듯할 즈음이면, 언 땅을 뚫고 틔울 들꽃 소식을 기다립니다. 그중에서도 무엇보다 기다리는 것은 변산바람꽃 소식입니다.

흔히 우리는 변산바람꽃을 '변산아씨'라 부릅니다. 오죽 고우면 아씨라 부를까요. 꽃 폈다는 기별이 오자마자 꽃 이야기를 들려줄 조 작가와 함께 달뜬 마음으로 꽃 마중 나섰습니다.

충청남도 아산의 광덕산입니다. 해마다 변산바람꽃이 지천으로 하늘거린다는 산자락부터 훑습니다. 산 그림자 드리운 땅이라 어둑합니다. 산은 짙은 무채색입니다. 겨우내 덮인 낙엽과 앙상한 나무 천지이니 새도 끼 한 설 닛습니다

늘 그렇듯 봄은 땅보다 마음에 먼저 오기 마련인가 봅니다.

밤새 영하의 기온이었는데도 지레 봄 마중 나선 탓인지 꽃은 코빼기도 뵈지 않습니다.

산비탈을 훑으며 점차 아래로 내려갔습니다. 꽃은 아래에서 위로 오르니 내려갈수록 꽃 볼 가능성이 높습니다.

황량한 숲에서 하나둘 꽃이 나타나기 시작했지만 하나같이 바닥에 드러누웠습니다. 꽃샘추위에 언 탓입니다. 짠해도 이리 짠할 수 있을까 싶습니다. 이 철없는 '변산아씨'는 왜 하필 이토록 추울 때 필까요? 더군다나 볕도 잘 들지 않는 북사면에 무리 지었을까요? 조 작가가 들려주는 아씨의 삶은 이러합니다.

"이른 봄꽃은 어쩌면 약자들인지 몰라요. 따뜻한 남쪽 사면은 힘센 친구들에게 빼앗기고 북쪽으로 피신을 온 셈입니다. 그런데 환경이 척박하니 친구들 대신 자신과의 싸움을 시작한 거죠. 북사면 계곡은 4월이면 활엽수 나뭇잎이 다 피니까 그 전에 꽃 피우는 전략을 택한 겁니다. 결국 자기 몸을 바꾸어야 했죠. 꽃받침을 꽃잎처럼, 그리고 꽃잎은 꽃술로 바꾸어 꿀샘까지 만들었습니다. 벌과 나비가 없는 추운 초봄이니 그나마 있을 벌레를 유혹하려 자기 몸을 바꾼 겁니다. 생존을 위한 싸움이 진화로 이어진 결과예요."

삶이 처연합니다. 살아내기 위해 더 서비민 픽김으로 갓아든고, 자기 몸을 바꾸며 진화해 온 변산바람꽃입니다.

숲에 볕이 들자 놀라운 일이 일어납니다. 고개 숙였던 언 꽃들이 하나둘 일어섭니다. 안으로 살아낼 에너지를 축적하고 있었던 겁니다.

비로소 사진을 찍어야 할 때입니다. 갈라진 바위틈에서 용케 얼굴을 내민 아씨를 찾았습니다. 이 지점에서 고민에 빠졌습니다. 꿀샘처럼 보이는 꽃잎과 꽃술이 도드라지게 할지 척박한 삶터에서 살아내는 생명력이 돋보이게 할지 고민인 겁니다.

일단 두 가지 콘셉트의 사진을 다 찍습니다. 먼저 클로즈업입니다. 우리가 흔히 '얼짱 각도'라고 하듯, 꽃이 얼굴이 가장 돋보이는 각이 있습니다. 꽃잎과 꽃술이 잘 도드라진 '얼짱 각'을 찾아 찍습니다. 이렇게 찍은 사진이 품은 이야기는 '벌레를 유혹하기 위해 곱게 변신한 변산아씨'입니다.

다음으로는 꽃의 전신입니다. 갈라진 돌과 변산아씨가 어우러진 앵글을 찾습니다. 여기서 갈라진 돌은 그들 삶을 대변해 줍니다. 이렇게 찍은 사진이 품은 이야기는 '척박한 돌 틈에서 살아내 꽃 피운 변산아씨'입니다.

두 사진 중 어떤 사진을 선택할까요? 선택은 세상에 말하고자 하는 메시지에 달렸습니다. 핸드폰 카메라는 꽃이 들려주는 이야기를 담고, 꽃이 품은 이야기를 전달하는 수단이기 때문입니다. 여러분의 선택은 무엇인가요?

변산바람꽃

◎ 분류: 미나리아재비과
◎ 서식지: 제주도, 지리산, 부안 변산, 수리산, 명지산 등

분류학적으로 조금 차이가 있지만, 우리나라에서 만날 수 있는 바람꽃은 모두 12종이다. 변산바람꽃, 너도바람꽃, 만주바람꽃, 꿩의바람꽃, 홀아비바람꽃, 회리바람꽃, 나도바람꽃, 들바람꽃, 남바람꽃, 세바람꽃, 바람꽃, 태백바람꽃.

남바람꽃, 세바람꽃, 바람꽃, 태백바람꽃은 서식지가 한정되어 있지만, 그 밖의 꽃들은 조금 발품을 팔면 주변에서 어렵지 않게 만날 수 있다. 변산바람꽃은 바람꽃 중에서도 제일 먼저 핀다. 보통 중부 이남에서 자라지만 중부 이북인 수리산, 명지산 등에서도 만날 수 있다. 변산바람꽃과 형제인 너도바람꽃은 중부 이북에 많다. 피는 시기도 크기도 모습도 비슷하지만, 변산바람꽃의 꽃잎이 연두색 깔때기 모양인 데 반해 너도바람꽃은 노란 꿀샘으로 되어 있다. 꽃받침은 둘 다 흰색이며 다섯 개로 갈라진다.

함께 보면 좋은 꽃

너도바람꽃
변산바람꽃보다 약간 늦게
고일 흥훈, 이후에 쉬나

태백바람꽃
4월에 피기 시작하며
꽃잎이 쳐져
셔틀콕처럼 보이다.

회리바람꽃
바람꽃 주에서
세일 사으며 꽃 모양이
태백바람꽃을 닮았기.

뒤태가 더 고운
바람꽃

경기도 남양주에 있는 천마산은 좀 특별합니다. 계곡을 따라 온
갖 꽃이 핍니다. 그러니 물길 따라 난 길이 숫제 꽃길인 겁니다.
길 따라 걸으며 이 꽃 저 꽃 볼 수 있으니 들꽃을 찾는 이에겐
가히 꽃밭인 게죠.

이 책에서 꽃 이야기를 들려주는 조 작가는 천마산에서 본 꽃
으로 『천마산에 꽃이 있다』를 펴내기도 했습니다. 천마산은 책
한 권에 담을 만큼 철 따라 온갖 꽃이 피는 산인 겁니다.

꿩의바람꽃이 지천으로 핀 날 천마산에 올랐습니다. 여차하
면 발에 채일 만큼 많이도 피었습니다. 게다가 먼발치에서도 알
아실 수 있을 만큼 꽃이 큽니다. 그러니 바람이라도 불작시면
온 숲이 어른거리는 듯합니다.

꿩의바람꽃은 왜 이러한 이름을 얻었을까요? 뒤태가 꿩이 날아가는 모습 같다고 해서 그렇답니다. 꿩의바람꽃 뒤태를 사진으로 담아봤습니다. 내 눈엔 꿩보다 공작이 날개를 펼친 것처럼 보입니다. 조 작가가 들려주는 꿩의바람꽃 이야기는 이러합니다.

"바람꽃 중에서 꽃이 제일 커요. 바람꽃은 대부분 꽃받침 잎이 다섯 개인데 꿩의바람꽃은 아주 많아요. 이 하얀 꽃잎도 변산바람꽃처럼 꽃받침이 변한 겁니다. 매개 곤충이 드문 이른 봄에 폈으니 어떻게든 유혹해서 수정하고 씨방을 맺어야 생존하니까요. 그러니 이런 식으로 자기 모습을 탈바꿈해야 했죠."

삭막한 이른 봄에 언 땅을 헤집고서라도 꽃을 피운 이유, 그들은 나름 다 계획이 있었던 겁니다. 마침 곤충 한 마리가 꽃에 날아왔습니다. 꽃받침이 변한, 꽃잎 아닌 꽃잎의 유혹에 빠진 겁니다.

우선 숨부터 죽입니다. 들숨, 날숨 한 번도 조심해야 합니다. 혹여나 서둘다 곤충을 쫓아버리면 꿩의바람꽃 계획을 일그러뜨리게 되니까요.

광고에 '3B 법칙'이란 게 있습니다. Beauty, Baby, Beast의 머리글자인 B를 따온 겁니다. Beauty는 아름다움, Baby는 어린이, Beast는 동물이나 곤충을 뜻합니다. 광고의 주목도를 높여 광고

에 담긴 이야기를 효율적으로 전달하게끔 하는 세 가지 요소입니다. 광고에 통용되는 이야기지만 사진에 응용해도 효과가 있습니다.

꿩의바람꽃에 날아온 곤충 사진을 찍으며 '3B 법칙'이 새삼 효율적이란 생각이 들었습니다. 하필이면 꽃술이 아니라 꽃받침 잎에 곤충이 내려앉았습니다. 그 바람에 '곤충을 유혹하려 꽃받침을 꽃잎으로 바꾼 꿩의바람꽃' 이야기가 완성되었습니다.

꿩의바람꽃

◎ 분류: 미나리아재비과
◎ 서식지: 전국 산지

바람꽃에는 으레 '아네모네'라는 학명이 따라붙는다. 그리스 신
화에서 바람의 신 제피로스를 사랑한 죄로 저주를 받아 꽃이 된
여성 아네모네. 바람꽃인 이유는 봄이 되면 제피로스가 따뜻한
바람을 보내 꽃을 피우기 때문이다. 서양의 아네모네는 노랑, 빨
강 등 색이 화려하지만 우리나라의 바람꽃은 백의의 나라답게
대부분 흰색이다. 그래서 더욱 소박한 미를 뽐낸다. 꿩의바람꽃
은 바람꽃 중에서도 제일 만나기 쉬운 꽃이다. 서식지를 별로 가
리지 않기도 하지만 다른 꽃보다 크다. 때때로 군락을 이루기도
하는데, 수백 송이가 한자리에 옹기종기 모여 앉은 광경을 만난
다면 그날은 행운의 날이 된다.

함께 보면 좋은 꽃

홀아비바람꽃

남쪽이 남바람꽃이라면
북쪽은 홀아비바람꽃이다.
그 생긴 모습이 비슷하다.
군락을 이루며 살지만
서식지가 많지 않아
만나기는 쉽지 않다.

만주바람꽃

회리바람꽃 다음으로 작다.
만주에서 처음 발견된 만큼
주로 중부 이북에
서식한다.

나도바람꽃

4~7개의 흰 꽃이 피어
다른 바람꽃과 구분된다.
주로 중부 이북 깊은 산에서
자라 만나기 어렵다.

들바람에 하늘하늘 흔들리다

들꽃에는 가까이에 있어서 쉽게 보이는 꽃도 있지만, 식생을 크게 따지는 바람에 일부러 사는 곳으로 찾아가야 겨우 만나는 꽃도 많습니다. 바람꽃도 그렇습니다. 변산바람꽃, 꿩의바람꽃, 만주바람꽃처럼 비교적 분포 지역이 넓은 종류가 있는 반면, 사는 곳이 너무나 적어 희귀종, 멸종위기종으로 분류되는 꽃들도 있습니다.

예를 들어 제일 늦게 피는 바람꽃은 설악산 꼭대기에나 가야 볼 수 있고, 세바람꽃은 제주도에만 자랍니다. 남바람꽃도 제주도나 남해 해안가에 가야 겨우 볼 수 있죠. 들바람꽃도 보기가 쉽지는 않습니다. 강원도 깊은 산중에나 가야 겨우 얼굴을 보니까요. 저는 명지산 계곡에 가서 만났습니다.

일례시와 한께 비림에 하는거리는 모습이 그렇게 안쯤맞을

수가 없습니다. 아, 들바람꽃도 다른 바람꽃처럼 꽃잎이 퇴화하고 꽃받침이 꽃잎 모양을 하고 있습니다. 보이시나요? 저 가는 솜털과 투명할 정도로 여린 꽃받침 잎이?

들바람꽃

◎ 분류: 미나리아재비과
◎ 서식지: 강원도, 경기도 일부(화야산, 명지산)

변산바람꽃, 너도바람꽃, 꿩의바람꽃 등과 모양과 크기가 비슷하지만, 들바람꽃은 꽃받침 잎이 예닐곱 개로, 다섯 개인 변산바람꽃, 너도바람꽃보다 많고 10여 개인 꿩의바람꽃보다는 적다. 줄기에는 가는 솜털이 가득하다. 보통 돌이 많고 습한 곳에 3월 말부터 핀다. 소백산, 청태산 등 산 정상에서도 보이지만 개화시기가 4월 말 정도로 많이 늦다.

함께 보면 좋은 꽃

남바람꽃
홀아비바람꽃과 비슷하나 서식지가 남부 해안에 국한되어 있다. 꽃받침 잎 뒷면이 분홍색이라 버림 꽃 중에서 제일 아름답다고 알려졌다.

세바람꽃
줄기 하나에 꽃이 세 송이씩 핀다고 하여 세바람꽃이다 제주도에서만 산다.

바람꽃
유일한 여름 바람꽃이며 설악산 높은 곳에서만 산다. 견체적으로 바람꽃답지 잎게 든든하고 거칠다.

이토록 고고한 할미라니

고백하자면, 25년 전쯤 희한한 할미꽃을 봤습니다. 취재 차 영
월 동강을 훑다가 바위에 핀 꽃과 맞닥뜨렸습니다. 할미꽃과 닮
았는데 여느 할미꽃과 달랐습니다. 내 관념 속의 할미꽃은 고개
를 숙이고 있어야 했습니다. 그런데 이 친구는 하늘을 향해 꼿
꼿이 고개를 들었습니다.

　우선 사진을 찍어두었습니다. 사진 찍는 일, 여기까지가 다였
습니다. 25년 만에 다시 동강할미꽃을 찾았습니다. 바위에 붙
어 하늘 우러른 도도함이 여태도 잊히지 않았기에 조 작가에게
물었습니다.

　"언제부터 동강할미꽃이라 이름 붙이졌습니까?"

　"20년 전만 해도 이 꽃이 그냥 할미꽃이었어요. 다들 보면서

도 그냥 할미꽃이려니 하고 지나갔죠. 어떤 사진작가가 사진을 찍었는데 식물학자 이영로 박사가 보고 뭔가 다르다고 여긴 거죠. 일반 할미꽃은 검붉은색이고 양지바른 무덤 주변에서 삽니다. 그런데 이 꽃은 자색, 홍자색, 분홍색 등 색이 다양하고, 강변 바위에 붙어 꽃이 하늘을 보는 거예요. 그래서 이 박사가 이름을 동강할미꽃이라고 지었죠.”

오롯이 우리나라, 그것도 동강에만 있는 우리 꽃. 25년 전 저는 이 귀한 꽃을 몰라본 무지렁이 사진기자였습니다. 바위, 강물, 꽃이 하나가 되게끔 하는 게 동강할미꽃 사진의 관건입니다.

동강을 굽어보는 바위에 핀 꽃을 찾았습니다. 해를 마주한 채 그 친구와 마주했습니다. 해, 강물, 꽃. 핸드폰 카메라 순서입니다. 이렇게 역광으로 마주한 건 동강할미꽃의 솜털 때문입니다.

꽃잎과 줄기에 보송보송한 솜털을 살려 사진을 찍으려면 반드시 역광으로 마주해야만 합니다. 하지만 역광엔 꽃이 좀 까맣게 되는 단점이 있습니다. 더구나 반짝반짝 윤슬이 이는 강물이 배경일 땐 꽃이 더 까매집니다. 이럴 때 해결책이 있습니다. 손거울에 빛을 반사해 꽃에 비춰줍니다. 윤슬이 제아무리 밝아도 꽃도 그만큼 밝아집니다. 손거울 하나가 바위, 강물, 꽃이 하나로 어우러진 사진을 만들어 냈습니다.

하나 더 고백하자면, 오래전엔 꽃 사진 찍으려 묵은 잎을 잘

라내기도 했습니다. 마른 잎 없이 생생하게 보이는 사진을 찍으려는 욕심이었습니다. 돌이켜 보면 한없이 부끄러운 일입니다.

묵은 잎 아래 개미가 드나들고 있었습니다. 이른 봄꽃엔 개미와 다른 벌레가 벌과 나비의 역할을 합니다. 그러고 보니 묵은 잎을 잘라낸 건 곤충의 삶터를 훼손한 것이었습니다. 결국 곤충의 삶터를 훼손하는 건 꽃의 생태를 위협하는 일이기도 하고요. 또 묵은 잎이 그들 삶의 양분이 될 수도 있습니다.

이렇듯 이슬을 먹고 살면서도 하늘을 우러러 고고한 그들. 고고한 자태를 가서 보고 사진을 찍되, 살펴 지키는 것두 우리이 몫입니다. 이떠헌 사진도 꽃의 삶에 한설 수 있는 노릇입니다.

동강할미꽃

◎ 분류: 미나리아재비과
◎ 서식지: 영월, 정선

할미꽃은 열매를 덮은 흰 털이 할머니 흰머리 같다고 해서 붙여진 이름이다. 할미꽃과 달리 동강할미꽃은 꽃이 땅이 아니라 하늘을 보고 핀다. 대한민국 특산 야생화이기에 오롯이 우리나라에만 있으며 그것도 정선과 영월 일대의 동강 석회암 지대에서만 피고 진다. 2001년 동강댐 건설계획이 동강할미꽃 때문에 백지화될 정도로 귀한 꽃이다.

함께 보면 좋은 꽃

할미꽃
무덤가 등 양지바른 곳을 좋아하며 꽃을 피울 때부터 고개를 숙인다.

청·홍·백, 삼색의 아름다움

해 질 무렵에야 노루귀 군락을 찾았습니다. 이 비탈, 저 비탈마다 사진가들이 자리 잡고 있습니다. 하나같이 땅바닥에 웅크린 자세입니다.

겨우 10센티미터 남짓의 키에 꽃대는 가늘다 못해 가녀립니다. 그런데 어찌 낙엽 더미를 헤치고 올랐을까요! 건듯 분 바람도 감당 못 할 만큼 여린 꽃대에 소담하게 달린 꽃은 말할 수 없이 곱습니다. 이토록 고우니 그 누구라도 이들 앞에선 자세를 낮추는 겁니다. 얼굴이라도 세세히 보려면 거의 몸을 조아려야 하죠.

이렇듯 노루귀 꽃은 사람을 겸손하게 만듭니다. 더구나 이 친구들은 아무 때나 얼굴을 보여주지 않습니다. 해가 지고 기온이 내려가면 꽃잎을 닫아버립니다. 비가 와도 마찬가지입니다. 이

▼ 청색 노루귀: 청색이 흰 꽃술과 선명한 대비를 이룬다.

▲ 노루귀는 꽃이 잎보다 먼저 핀다.
꽃과 잎이 함께 피는 경우는 드물다.

슬이 내려도 꽃잎을 닫습니다. 이는 꽃술을 보호하고 향기를 가두어 놓으려는 그들의 생존 본능입니다. 꽃술이 그들에겐 생명줄이나 다름없으니까요.

꽃잎처럼 보이는 꽃받침 색도 다양합니다. 청보라색, 분홍색, 흰색이 있습니다. 한번 상상해 보십시오. 갈색 낙엽 더미를 헤치고 오른 하얗고, 푸르고, 붉은 꽃을… 이리 고우니 안 본 사람은 있어도, 한 번만 본 사람은 없다는 말이 있을 정도입니다.

이 친구들 사진 찍을 때 솜털을 살리는 게 좀 까다롭습니다. 가녀린 줄기에 난 솜털, 순광으로 꽃을 보면 솜털이 보이지 않습니다. 그 보송보송한 솜털이 순광에선 사라져 버립니다. 반드시 역광으로 봐야 솜털이 도드라집니다. 그 솜털이 햇살에 반짝일 땐 눈부시기까지 합니다. 그런데 기온과 빛에 민감한 친구들이라 꽃의 태반은 해를 바라보고 있습니다. 게다가 대체로 고개 돌린 친구들이니 여간 애타지 않습니다.

애원한들 고개 돌려 나를 바라봐 줄 리 만무한 그들. 이럴 때 해결책이 있을까요? 물론 있습니다.

우선 꽃의 얼굴과 마주 봅니다. 내 그림자가 꽃에 드리워지게 합니다. 꽃, 핸드폰 카메라, 사람, 해 순서입니다. 이러면 자연스레 꽃은 그늘에 듭니다. 그다음 꽃 뒤쪽에서 손거울에 빛을 반사해 꽃에 비춰줍니다. 이러면 빛 받은 솜털이 눈부신, 게다가 노루귀가 고운 얼굴로 나를 바라보는 사진이 내 차지가 됩니다.

노루귀

◎ 분류: 미나리아재비과
◎ 서식지: 전국 산지

이른 봄꽃답지 않게 청보라색, 분홍색, 흰색 등 꽃 색이 다양하다. 청보라색은 고고하고 분홍색은 화사하며 흰색은 청아하다. 잎이 노루의 귀를 닮아 노루귀라지만, 꽃이 피어 있는 동안은 잎을 보기 쉽지 않다. 꽃이 지고 난 다음에 잎이 나오기 때문이다. 바람꽃들처럼 꽃잎은 꽃받침이 변화한 것이다. 이른 봄꽃답게 삶이 녹록지 않다는 뜻이다. 제주도에 새끼노루귀가 살고 있으나 노루귀와 큰 차이는 없다.

함께 보면 좋은 꽃

섬노루귀
울릉도에 살며, 크기가 크고 잎과 꽃이 함께 핀다.

보석상자 같은 꽃

2020년 4월, 정선 만항재에 눈이 왔습니다. 얼추 30센티미터 쌓였습니다. 이른 새벽, 눈 소식에 서울에서 냅다 달렸습니다. 원래 만항재는 우리 야생화의 보고입니다. 철 따라 꽃이 지천이니 눈을 뚫고 오를 산의 들꽃을 기대했습니다.

　가서 보니 눈이 와도 너무 많이 왔습니다. 숫제 무릎까지 빠집니다. 행여 길을 잘못 들어 골짜기로 내려서면 허리춤까지 빠집니다. 마음만 급해 무작정 눈 속에 들었다가 얼른 포기하고 나왔습니다. 난감합니다. 그렇다고 에서 발길을 돌릴 수도 없으니 무작정 기다렸습니다. 눈 녹을 기미가 보이지 않습니다만, 그나마 기대를 갖게 하는 건 쉼터 지붕에 맺힌 고드름이었습니다. 한 방울씩, 더뎌도 녹기는 녹았기 때문입니다.

오후 2시가 넘자 눈이 녹기 시작했습니다. 비로소 눈 사이로 난 길로 들어섰습니다. 복수초와 한계령풀이 먼저 보입니다. 바람이 눈을 쓸고 간 비탈에 터 잡은 친구들입니다.

그 비탈길 끝에서 선괭이눈과 딱 마주쳤습니다. 보자마자 환호성부터 나왔습니다. 그나마 바람이 눈을 쓸고 간 덕에 살포시 얼굴을 내민 겁니다. 그 오랜 시간 눈 속에 묻혀서도 제 몸의 온기로 눈을 녹여 얼굴을 내민 생명력, 경이롭습니다. 하물며 꽃마저 곱디곱습니다. 외려 세수한 듯 말간 샛노랑이 화사합니다.

사실 이 친구들 또한 꽃잎이 없습니다. 수술을 둘러싼 노란 잎은 꽃받침 잎입니다. 대체로 이른 봄꽃들이 이러합니다만, 이 친구의 꽃받침 잎에는 그만의 독특한 전략이 숨겨져 있습니다. 수정되고 나면 꽃받침 잎과 포엽이 다시 녹색으로 변합니다. 수정을 위해 노란 꽃잎으로 보이게끔 위장한 겁니다.

꽃은 알수록 신비합니다. 꽃잎처럼 위장하고, 나아가 카멜레온처럼 색을 바꾸리라고는 상상조차 못 한 터입니다. 꽃 중에 가장 위장술이 능한 친구가 아닐까요. 이 친구가 꾸며낸 샛노랑을 4월의 눈 속에서 봤으니 그 사실만으로도 행운이 아닐 수 없습니다.

사진을 잘 찍는 비결이 무엇이냐는 질문을 더러 받습니다. 물론 사진 테크닉을 연마하는 것도 중요합니다. 그 테크닉이 메시

▲ 수정된 선괭이눈: 꽃받침 잎과 포엽이 녹색이다.

지를 잘 표현하고, 나아가 메시지를 완성하는 방편이 됩니다. 구도도 마찬가지입니다. 구도 또한 이야기를 완성하는 방편입니다. 하지만 그 테크닉과 구도를 넘어 기다림 그 자체가 더 주요할 때가 많습니다. 이날의 사진은 기다림이 준 선물입니다. 아무 테크닉도 없습니다. 선괭이눈이 색을 바꾸어 곤충을 기다리듯, 그런 기다림만 필요했을 뿐입니다. 이래서 사진을 '기다림의 예술'이라고 합니다.

선괭이눈

◎ 분류: 범의귀과
◎ 서식지: 강원도 산지, 경기도 북부 일부

선괭이눈, 금괭이눈, 흰괭이눈, 산괭이눈, 애기괭이눈 등은 우리 나라에서 쉽게 볼 수 있는 괭이눈 가족이다. 전라남도에서 괭이 눈 서식지를 발견했다는 뉴스를 접했지만 여전히 귀한 몸이다. 괭이눈이라는 이름은 열매가 벌어질 때 모양이 졸린 고양이 눈을 닮았다 해서 붙은 이름이다. 하지만 네 개의 꽃받침 잎에 담긴 수술이 보석상자를 닮아 개인적으로는 '내 마음의 보석상자' 라는 표현을 더 좋아한다.

선괭이눈은 경기도 북부, 강원도 산지에서만 살기에 귀한 몸에 속한다. 전체적으로 투명하며 잎의 톱니가 다른 괭이눈과 달리 작고 촘촘하다. 괭이눈 가족을 구분하는 게 크게 어렵지는 않지만 초보자들은 쉽게 익숙해지지 않는다. 들꽃은 자주 만나 이름을 불러주어야 가까워진다.

함께 보면 좋은 꽃

금괭이눈

선괭이눈과 비슷하나 잎의 톱니가 끝까지 황금색으로 물든다.

흰괭이눈

잎은 녹색이며 잎과 줄기에 굵은 휘털이 가득하나.

애기괭이눈

꽃과 잎이 크기가 제일 작다. 금괭이눈처럼 습한 곳에 산다.

계곡 바위에
촘촘히 박힌 보석들

경기도 가평 명지계곡에 가면 산민들레를 볼 수 있다는 조 작가의 이야기에 홀렸습니다. 요즘 우리 땅에서 토종 민들레와 산민들레를 보기가 쉽지 않습니다. 서양민들레가 우리 땅을 점령하다시피 했습니다. 심지어 남쪽에선 겨울에도 서양민들레가 꽃을 피웁니다. 이렇듯 사시사철 꽃 피우고 씨를 날리니 토종은 설 자리가 없습니다.

솔직히 산민들레가 보고팠습니다. 열 일 제쳐두고 명지계곡으로 향했습니다. 그런데 게서 난데없이 흐드러진 돌단풍에 반했습니다. 물론 산민들레도 보고 찍었습니다만, 계곡가 바위에 납게 핀 돌단풍에 마음을 홀딱 뺏겼습니다.

이 친구들 숫제 무리 지었습니다. 바위가 온통 꽃밭입니다.

그 자태가 너무나 고와 '돌나리'라고도 불립니다. 꽃은 대체로 흰색입니다. 더러 분홍색도 있습니다. 희한하게도 한 더미에 분홍색과 흰색이 어우러진 꽃도 있습니다. 바람이라도 불작시면 온 바위가 아롱다롱합니다. 어찌 살아내기도 쉽지 않을 바위에 붙어 저리 고운 꽃을 피웠을까요?

이 친구들 꽃말은 구태여 말하지 않아도 상상이 갑니다. 듣자마자 절로 고개가 끄덕여지게 마련입니다. '생명력', '희망'입니다. 사실 단풍과는 아무 상관 없습니다. 손바닥을 닮은 잎이 단풍 같다 하여 '바위에 피는 단풍', 즉 돌단풍입니다.

물가 바위에 주로 핍니다. 물과 바위와 돌단풍의 어울림, 그것만으로도 매력적입니다. 이들의 매력에 끌린 건 저뿐만이 아닙니다. 근방의 나비가 죄다 돌단풍에 끌렸나 봅니다. 예서 휘릭, 제서 펄럭, 눈으로 좇기만도 바쁩니다.

꽃에 날아든 나비를 쉽게 찍을 방법이 있을까요? 대체로 지인들이 보내온 나비 사진을 보면 입자가 거칩니다. 질감이 뭉개져 있습니다.

자랑삼아 보냈을 텐데 화질이 조잡합니다. 왜 그럴까요? 가까이 다가가지 않고 멀찍이서 손으로 줌을 해, 일명 '손줌'으로 확대해 찍었기 때문입니다. 그렇다면 꽃으로 나비 더욱 솜털까지 생동감 있게 찍을 수 없을까요? 이럴 때 해결책은 셀

카봉입니다. 나비에 사람이 다가가면 십중팔구 나비가 날아가 버립니다. 하지만 셀카봉에 설치한 핸드폰이 다가가면 대체로 아랑곳없이 꿀을 땁니다. 사람이 다가가면 금세 날아가 버리던 나비가 심지어 모델인 양 이리저리 포즈를 바꾸어 주기도 합니다. 셀카봉을 나비를 향해 쭉 내밀어 셔터만 누르면 끝입니다.

여기서 한 가지 더 팁을 드리자면, 포커스를 수동으로 지정하는 겁니다. 핸드폰엔 피킹이란 기능이 있습니다. 수동으로 포커스를 지정해 놓고, 핸드폰이 서서히 나비 쪽으로 다가가면 액정에 녹색으로 변하는 부분이 나타납니다. 그 녹색 부분이 포커스가 맞는 부분입니다. 이렇게 찍으면 나비의 더듬이나 눈 또는

◀ 계곡의 돌단풍: 계곡 바위를 온통 뒤덮은 돌단풍은 야생화의 최고 장관에 속한다.
▶ 계곡의 포천구절초: 가을이면 돌단풍이 진 자리를 포천구절초가 차지한다. 산을 좋아하는 구절초와 다르게 포천구절초는 계곡 바위를 좋아한다.

날개까지 원하는 부분에 정밀하게 포커스를 맞출 수 있습니다.
정밀한 포커스를 원할 땐 자동보다 수동입니다.

돌단풍

◎ 분류: 범의귀과
◎ 서식지: 중부 이북 깊은 계곡

야생화는 야생에서 봐야 제맛이라는 얘기가 있다. 화단에서 자라든 야생에서 자라든 꽃 모양이야 다를 리 없겠지만 특별히 자연과 어우러질 때 미모를 발휘하는 꽃들이 있다. 금낭화, 산철쭉, 구절초 등도 아파트 화단이나 동네 꽃밭에서 쉽사리 볼 수 있지만 계곡과 함께 있을 때 그 진면목이 드러난다. 특히 돌단풍은 따개비처럼 계곡 바위를 온통 뒤덮은 채 꽃을 피우는데, 어느 꽃도 그 장관을 이길 수 없을 정도이다.

현호색의 제왕

3월의 산은 색이 바랬습니다. 겨우내 묵은 낙엽이 바랬습니다. 물오르지 않은 나무껍질도 바랬습니다. 바랜 숲 비추는 계곡물 조차 바랬습니다. 무엇 하나 싱그러운 게 뵈지 않을 것 같은 바랜 숲에서 파란 무엇이 비칩니다. 먼발치에서도 또렷한 파랑, 가서 보니 점현호색 꽃입니다.

삐죽 솟은 꽃대에 여남은 푸른 꽃이 뭉텅이로 폈습니다. 색 바랜 숲에 이리 폈으니 더 싱그러워 보일 수밖에요. 여느 현호색과 달리 잎에 점무늬가 있다 하여 점현호색입니다. 현호색은 한자 玄胡索에서 이름의 의미를 찾을 수 있습니다. 덩이줄기가 검은빛이 난다 하여 '검을 현玄', 주산지가 중국의 허베이성 및 헤이룽장성 등 북쪽 시방이라서 '오랑캐 호胡', 싹이 논아닐 때

매듭 모양이라서 '꼬일 삭素'을 씁니다. 꽃의 생김에 견줄 만한 이름은 아니니 유래가 아쉽습니다.

　이름은 아쉽지만 재미있는 사실이 있습니다. 오래전부터 덩이줄기를 약재로 사용했다고 합니다. 국민 소화제, '까스활명수'의 성분 정보를 살펴보다가 현호색 180밀리그램이라는 글귀를 발견했습니다. 색 바랜 숲에서 눈을 시원하게 하는 파란 꽃만큼이나 속을 시원하게 하는 약성을 가졌나 봅니다.

　두루두루 사진을 찍고 산에서 내려왔습니다. 거의 다 내려왔을 때쯤 조 작가가 현호색에 대해 한마디 툭 던졌습니다.

　"현호색은 종달새라는 별명이 있어요."

　그 말을 듣자마자 오던 길로 발길을 돌렸습니다. 사진 찍으며 생각을 하긴 했습니다. 꽃이 먹이를 보채는 어린 새의 입 같다는… 하지만 잎에 박힌 흰 점이 도드라지는 점현호색 특성에 집중했었습니다. 되돌아가 다시금 점현호색과 마주했습니다. 뭉쳐 핀 꽃, 다시 봐도 영락없이 먹이 보채는 새의 입입니다.

　'동창東窓이 밝았느냐 노고지리 우지진다'라는 시조가 절로 읊조려집니다. 사진엔 무엇보다 이야기가 담겨야 합니다. 이야기가 담긴 사진은 보는 이에게 이야기를 들려줍니다. 사진 자체가 이야기하게끔 하는 사진은 살아 있는 사진입니다. 그러고 보니 숲달새 이야기를 듣기 전에 찍은 사진은 헛사진이 있습니다.

점현호색

◎ 분류: 현호색과

◎ 서식지: 중부 이북 산지

현호색 중에서는 제일 크고 아름다우며, 잎이 흰 점으로 덮여 있다. 현호색, 점현호색, 왜현호색, 조선현호색, 갈퀴현호색, 쇠뿔현호색, 남도현호색 등 현호색은 봄꽃 중에서 제비꽃 다음으로 변이가 심하고 종류가 많다. 대체로 구분이 어렵지만, 점현호색만은 잎의 점만으로도 쉽게 알아볼 수 있다. 우리나라에서는 천마산이 제일 유명한 자생지로 알려졌다.

함께 보면 좋은 꽃

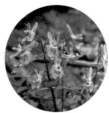

각시현호색

보통 현호색보다
전체적으로 작다.

갈퀴현호색

깊은 산지에 실며
꽃 옆구리의 갈퀴로
구분한다.

흰현호색

행태는 가시 밀년직이지만,
흰색은 보기 어렵다.

보춘화

봄바람에 화답하다

난데없이 보춘화를 만났습니다. 신자고를 보러 가서 맞닥뜨린 겁니다. 산에서, 그것도 야생의 땅에서 만나리라고는 상상도 못 했습니다. 지금껏 본 건 거의 다 화분에서 곱게 키운 친구들입니다.

해마다 인사철이면 각양각색 리본을 단 채 사무실 책상, 창가에 줄지어 서기도 합니다. 유심히 보면 이름표가 아래에 꽂혀 있습니다. 'OO 춘란'이라는 이름표입니다. 여기서 춘란이 바로 보춘화입니다. 봄을 알리는 꽃이라 하여 보춘화報春化입니다.

그런데 말입니다. 야생에서 보춘화는 화분에서 봤던 것들과 다릅니다. 가꾸어진 것처럼 줄기가 시원스레 뻗지 않았습니다. 투박하고 거칩니다. 끝이 마르고 잘려 나간 것도 태반입니다.

잎 가장자리도 톱니처럼 성글고 잎맥은 흠집투성이입니다. 드센 바닷바람을 견디고, 바람에 실려 온 소금기도 감내해야 하니 생채기투성이입니다.

비록 생채기투성이이지만 매서운 겨울을 지켜낸 푸른 기품만은 고매합니다. 화분의 것이 감히 흉내 낼 수 없는 꼿꼿함이 하늘을 찌를 듯합니다. 이래서 예로부터 난초를 사군자 중 하나로 여겼겠죠.

민영익의 〈노근묵란도露根墨蘭圖〉가 있습니다. 여느 난 수묵과 달리 뿌리가 땅바닥에 드러났습니다. 잘리고 뭉텅한 잎이 수두룩합니다. 키 작은 잎들은 곧추섰습니다. 그래도 어떻게든 꽃을 피워냈습니다. 어찌할 수 없는 망국의 한, 그래도 지켜내야 할 절개가 난초 수묵에 고스란히 스며 있습니다. 마른 땅, 바닷바람 드센 산에서 보춘화를 본 순간, 〈노근묵란도〉가 불현듯 나타난 듯했습니다.

이 친구를 사진으로 담는 일은 덤불과의 싸움입니다. 대체로 덤불 속에 터 잡고 있으니 그렇습니다. 수묵화처럼 여백의 미가 있는 사진을 찍기엔 만만치 않습니다. 눈길 닿는 곳마다 그런 친구가 있으려나 훑었습니다. 그러다 꽤 괜찮은 친구를 찾았습니다. 희한하게도 꽃 하나가 잎 무더기를 벗어나 외로이 올라와 있습니다

　고즈넉한 기품에다 여백까지 느껴지는 환경이었으니 사진부
터 얼른 찍었습니다. 불현듯 꽃이 잎과 떨어져 외로이 필 리가
없을 텐데, 하는 생각이 스쳤습니다. 그래서 슬쩍 꽃을 건드려
보았습니다. 맥없이 꽃이 스러져 버렸습니다. 가슴이 철렁했습
니다. 누군가가 꽃을 뽑아 땅에 꽂아놓은 채 사진을 찍은 겁니
다. 조용히 일어서서 그 사진을 삭제해 버렸습니다.

　꽃 사진을 찍는다는 것, 흔히 아름다움을 찍는 것이리라 지레
짐작합니다. 하지만 그렇지 않습니다. 꽃의 삶, 꽃이 품은 이야
기를 찍고자 하는 십니다. 비난 우미기 수많은 나 수무 주〈누구
묵란도〉를 손꼽는 이유와 다름없습니다.

보춘화

◎ 분류: 난초과
◎ 서식지: 남부 지방 산지

우리나라의 난초과 야생화는 80여 종이 넘는 것으로 알려졌다. 산제비란, 큰옥잠난초, 잠자리난초, 비비추난초, 새우난초, 감자 난초 등. 주로 여름에 많이 피지만, 보춘화만큼은 초봄에 꽃을 연다. 봄의 난초, 춘란이라고 불리는 이유도 그래서이다. 주로 남부 지방 산지, 건조한 곳을 좋아하기에 중부 이북에서는 보기 어렵다.

함께 보면 좋은 꽃

산제비란

5월, 양지바른 풀숲에서
꽃을 피운다.

잠자리난초

6월에 꽃이 피며
습한 산지에 산다.

봄처녀의 파란 주름치마

천마산 터줏대감인 조 작가가 처녀치마를 보러 가면서 조바심을 냈습니다. 아직 때가 이른데 꽃이 피었을까 싶은 겁니다. 그러다 지천에 있지만 다소 올된 꿩의바람꽃과 꽤 많이 진 만주바람꽃을 보고선 태도가 바뀌었습니다. 오히려 처녀치마 꽃이 지지 않았을까 걱정한 겁니다.

이래도 걱정, 저래도 걱정인 조 작가의 조바심은 사실 내게 꽃을 꼭 보여주고 싶기 때문이겠죠? 며칠 전부터 "우리나라에서 처녀치마가 가장 아름다운 곳이 천마산입니다"라며 자랑을 했거든요. 그만큼 보고 싶고, 남에게 보여주고 싶은 꽃이 처녀치마였던 겁니다.

천마산 중턱을 지나니 왁자지껄한 소리가 들렸습니다. 정확

히 무슨 말인지는 알 수 없었지만 목소리가 들떠 있었습니다. 그 순간 조 작가가 말했습니다.

"처녀치마 꽃 폈나 봐요."

조 작가는 손금 보듯 천마산 꽃 위치를 아는 터라, 그 왁자지껄한 소리만으로도 꽃이 제대로 폈음을 직감한 겁니다. 덩달아 발걸음이 바빠졌습니다. 가서 보니 꽃이 제대로였습니다.

계곡가 깎아지른 언덕에 대여섯 촉이 자리 잡고 있었습니다. 잎은 주름치마인 듯 아래로 퍼졌습니다. 이 모습 때문에 처녀치마라는 이름을 얻었다고 합니다. 겨우내 버텨낸 녹색 잎은 그다지 싱그럽지 않았습니다. 방금 냉동실에서 나온 듯 물렀습니다. 무른 잎 위로 소슬한 꽃술이 솟았습니다. 소슬한데도 꽃만큼은 단박에 마음 뺏길 만큼 보라색이 곱습니다. 이를테면 춤춘 후 몸은 파김치인데 얼굴은 환희에 찬 무희 같습니다.

사진 모델로 제격인 친구를 찾았습니다. 흐린 날이라 화사한 보라색을 사진으로 표현하는 데 한계가 있었습니다. 그 한계를 극복할 방안을 고민하던 중에 찾은 친구였습니다. 고목의 밑동에 홀로 핀 채 있었습니다. 고목은 계곡으로 기울어져 거의 수평으로 비스듬했습니다. 고목과 바위엔 이끼가 덕지덕지합니다. 그 아래 계곡노 스산입니다. 처녀치마를 둘러싼 환경이 스산합니다.

이런 스산함이 상대적으로 꽃을 더 돋보이게 할 수 있습니다.

이런 상황에선 차라리 더 넓게 배경을 잡는 게 낫습니다. 스산한 배경이 꽃의 생명력과 대비되기 때문입니다. 이른바 대비 효과입니다.

대체로 사진에서 콘트라스트는 빛과 색을 두고 말합니다. 빛과 색의 차이, 즉 대비로 메시지를 효율적으로 만듭니다. 하지만 빛과 색뿐만 아니라 심상에도 콘트라스트가 있습니다. 느낌의 차이, 어쩌면 그것이 콘트라스트의 최종 목적지가 아닐까요?

처녀치마

◎ 분류: 백합과
◎ 서식지: 전국 산지

계곡 주변의 바위틈에 주로 핀다. 잎이 마치 주름치마처럼 넓게 드리워 처녀치마라는 이름을 얻었다. 보라색 꽃의 생김이 특별하면서도 아름다워 인기가 높다. 꽃이 지고 나면 꽃대궁을 길게 올린다. 때때로 치마 잎이 무른 까닭은 초식동물의 먹이가 되기 때문이다.

함께 보면 좋은 꽃

날로찌미
잎이 치녀지마와 비슷하며, 면종 이 기종이다.

*

얼레지

7년 만의 외출

얼레지는 '봄꽃의 여왕'으로 불립니다. 실제 알현하면 왜 여왕인지 알게 됩니다. 게다가 그 자태에 누구나 머리를 숙이게 됩니다. 얼마나 대단한 꽃이기에 머리를 조아리게 될까요?

꽃잎마다 알파벳 W 문양이 있습니다. 그 문양이 왕관과 흡사합니다. 고개 숙인 꽃의 문양을 보려면 꽃보다 자세를 낮추어야합니다. 얼굴이 거의 땅바닥에 닿아야 문양을 볼 수 있습니다.

'봄꽃의 여왕'을 알현하려 경기도 가평군 청평 화야산에 올랐습니다. 흐린 데다 어둑할 무렵이었습니다. 그런데도 숲은 분홍빛 천지입니다. 마치 온 숲이 분홍으로 채색된 것만 같습니다. 얼레지는 늦기도 곱지만, 품은 이야기가 무척 재미있습니다. 조 작가가 들려준 얼레지 이야기는 이렇습니다.

"5월쯤에 씨를 떨구면 꽃 피기까지 6~7년이 걸린다네요. 1년 후에 이파리가 하나 나고, 3년 후에 이파리가 또 하나 나고, 그런 식으로 꽃대가 올라오고 꽃 피는 게 7년이에요. 나는 이 꽃을 보면 메릴린 먼로가 떠오릅니다. 메릴린 먼로의 치마가 확 올라가는 영화 장면 본 적 있죠? 얼레지 젖혀진 꽃잎이 먼로의 치마와 흡사하잖아요. 그 장면이 나오는 영화가 〈7년만의 외출〉입니다. 얘도 땅에 묻히고 나서 7년 만에 세상을 보는 것이니…"

꽃 하나 피워 올리는 데 무려 7년이라니요. 매미가 알에서 성충이 되는 데 7년 걸린다는 말은 들었어도, 씨 하나가 꽃으로 피는 데 7년이란 말은 처음입니다. 이렇듯 7년 만에 꽃 피우는 얼레지가 예전엔 멸종위기까지 몰렸습니다. 이파리가 나물로 워낙 유명했기 때문입니다. 꽃 하나만으로도 손 타기 좋을 만큼 유혹적인데 나물마저 유혹적이니 멸종위기까지 간 겁니다. 지금이야 다들 보존에 힘써서 위기를 벗어났습니다만, 이파리 하나와 꽃 하나에 담긴 세월을 알면 함부로 캐서는 안 되겠습니다.

얼레지 사진을 찍을 땐 해를 마주 본 역광에서 찍는 게 제일 곱습니다. 빛 받은 꽃잎의 속살이 사진에 고스란히 담기기 때문입니다. 꽃잎의 W 문양과 암술, 수술까지 도드라집니다. 그런데 가는 날이 장날이라고 비가 올 것 같았습니다, 게다가 어둑해지고 있었습니다. 비가 오거나 날씨가 어두워지면 얼레지가

▼ 얼레지의 군무: 계곡 기슭을 붉게 뒤덮는다.

금세 꽃잎을 닫아버립니다. 수술의 꽃밥을 보존하려고 그리하는 겁니다. 날씨와 시간이 이러니 하나둘 잎을 닫는 친구들이 보입니다.

▲ 흰색 얼레지: 흰색은 매우 귀하다.

이 상황에서 하늘이 준 빛은 언감생심입니다. 그렇다고 포기할 일도 아닙니다. 가방에서 휴대용 손전등을 꺼냈습니다. 역광이 되게끔 얼레지 뒤에서 꽃잎을 향해 빛을 비췄습니다. 빛 받은 꽃이 메릴린 먼로의 솟구친 치마가 되어 액정에 맺혀 왔습니다.

얼레지

◎ 분류: 백합과
◎ 서식지: 전국 산지

봄꽃은 대체로 소박하지만 얼레지만큼은 크고 붉은 꽃잎이 화려하기가 한여름 백합꽃을 보는 듯하다. 더욱이 함께 모여 사는 것을 좋아해 계곡 한 귀퉁이를 붉은 카펫처럼 뒤덮을 때는 이곳이 천상인가 싶기도 하다.

외계인이 날아왔다

3월 말 천마산에서 가장 먼저 만난 들꽃이 개감수입니다. 쉽사리 눈에 띄는 길섶에 홀로 폈습니다. 길 지나는 누군가의 발길에 차여도 전혀 억울할 것 없는 그런 길섶에 잡초처럼 덩그렇게 있습니다. 조 작가가 사진을 찍으라며 개감수라 일러줬습니다. 사실 식물 이름에 '개'가 붙으면 좀 덜떨어진 것이란 선입견이 있습니다. 나리에 비해 개나리가 그러하듯 '못 미친다', '꽤 비슷하다'라는 느낌이 들게 마련입니다.

여하튼 이름도 개감수인 데다 생김새도 전혀 꽃 같지 않습니다. 이른 봄이라 덜 피기도 했으니 대충 한 컷 찍었습니다. 그리고 다른 꽃들을 찍고 산에서 내려오며 그 친구에게 속으로 인사를 건넸습니다

"부디 발길에 차이지 말고 살아남아라. 꽃 제대로 피면 다시 찍을 테니…"

▲ 개감수의 싹

오래지 않아 천마산을 다시 찾았습니다. 개감수 덩그렇던 그 자리엔 아무것도 없었습니다. 걱정했던 대로 누군가의 발길에 차였나 봅니다.

5월 초 강원도 정선 대덕산에서 개감수를 다시 만났습니다. 꽃 핀 친구를 만난 겁니다. 무심히 꽃을 들여다봤습니다. 여느 꽃처럼 화려하지 않습니다. 꽃술이 녹색입니다. 그러니 꽃인 듯 아닌 듯 수수합니다. 수수한 가운데 꿀샘덩이가 눈에 띄었습니다. 마치 무소의 뿔처럼 솟았습니다. 꽃마다 네 쌍씩 무소의 뿔이 솟아 꽃술을 호위하는 모양새입니다. 숫제 꿀샘덩이가 군대 열병식마냥 열을 맞춘 듯 질서정연합니다. 여느 꽃 못지않게 신비롭습니다. 하도 수수하여 꽃답지 않다 여겼던 개감수. 보면 볼수록 매력덩어리, 즉 '볼매'입니다.

개감수는 멀리서 찍으면 그냥 풀로 보입니다. 꽃술마저 녹색이니 그렇습니다. 핸드폰 카메라 포커스를 최단거리에 맞추고

개감수 꽃으로 서서히 다가가 보십시오. 포커스가 선명해진 순간 눈을 의심하게 될 겁니다. 꿀샘덩이가 무소의 뿔처럼 또렷이 액정에 맺힙니다. 나태주 시인의 시 〈풀꽃〉이 저절로 되뇌어지는 개감수입니다.

"자세히 보아야 예쁘다. 오래 보아야 사랑스럽다. 너도 그렇다."

개감수

◎ 분류: 대극과
◎ 서식지: 전국 산지

감수는 중국에 사는 독초 이름이다. 개감수는 우리나라에 자생하며 대극과답게 맹독성이다. 싹은 붉은색이지만 자랄수록 녹색으로 변해간다. 모양이 특이해 마치 외계인을 닮았다는 얘기를 농담처럼 한다. 다른 대극과 식물과 달리 꿀샘이 반달 모양이다.

함께 보면 좋은 꽃

등대풀
주로 남부 지방 들판에 산다.

붉은대극
남쪽 바닷가에 나며 개감수와 비슷하나 꿀샘이 동그랗다.

자애로운 시어머니 같은 꽃

오래전엔 섬이었던 땅에 산자고가 지천이라는 소식을 들었습니다. 이제는 승용차로 갈 수 있게 되었습니다만 그간 사람 발길이 뜸했으니 아무래도 훼손이 덜 됐겠죠. 그래서 찬바람 쌩한 3월에 그쪽으로 달려갔습니다.

'야생 백합'이라 불릴 정도로 아름다운 꽃입니다. 꽃이 고우니 남획하는 사람들이 꽤 많나 봅니다. 실제로 가서 보니 산자고를 캐 간 자국이 여럿 있었습니다(그래서 지명은 공개하지 않습니다).

이름 산자고山慈姑를 풀이하자면 '산에 있는 자애로운 시어머니'입니다. 이런 이름을 얻게 된 연유는 다음과 같습니다. 먼 옛날, 어느 산골에 ▃▃이 피이 들이 실고 있었습니다, 누부가 자

나 깨나 아들내미 결혼 걱정하던 터에 어느 날 홀연히 보따리를 든 처녀가 나타났습니다. 처녀는 아버지가 남긴 유언인 "산 너머 외딴집에 시집가라"라는 말을 따른 겁니다. 그리하여 아들과 그 처녀는 짝을 이루었습니다.

그런데 고마운 며느리 등에 등창이 생겼습니다. 등창을 치료할 약재를 찾아 산속을 헤매다 별처럼 생긴 꽃을 발견했습니다. 그것도 꽃과 풀이 드문 이른 봄에 찾은 겁니다. 시어머니는 그 신기한 꽃 뿌리를 으깨어 며느리 상처에 붙여주었고, 산자고의 약성으로 등창이 치료되었다고 합니다. 그래서 자애로운 시어머니의 마음을 빌려 산자고라는 이름을 얻은 겁니다.

실제로 보면 꽃은 작은 백합 같습니다. 다섯 꽃잎, 영락없는 별 모양입니다. 잎은 춘란 잎처럼 푸른 데다 땅바닥으로 뻗었습니다. 기품과 아름다움을 모두 갖춘 꽃을 꼽자면 단연 산자고입니다. 단언컨대, 첫눈에 반하지 않을 수 없는 꽃 또한 산자고입니다.

이 친구들 사진 찍는 일은 그다지 어렵지 않습니다. 관건은 바다, 섬, 꽃이 어우러지게 찍는 겁니다. 산을 훑으면 그런 조건을 갖춘 꽃이 수두룩합니다. 그런 꽃을 찾아서 꽃에 초점을 맞추고 배경이 아스라이 섬과 바다가 되게끔 합니다. 이리하면 누구나 인생 꽃 사진을 얻을 수 있습니다.

그런데 말입니다. 하물며 이리도 더할 나위 없는 조건인데도 꽃을 캐서 바다가 잘 보이는 비탈에 옮겨놓고 사진을 찍는 사람도 있습니다. 부디 당부합니다. 오셔서 마음껏 보셔도 됩니다. 오셔서 한껏 사진 찍으셔도 됩니다. 다만 캐 가거나 캐서 옮겨놓는 일은 하지 마시기 바랍니다. 진짜 사진은 완벽한 사진이 아닙니다. 이리 찍은 사진은 꽃이 아니라 우리의 욕심을 찍은 겁니다. 꽃의 삶과 이야기가 담긴 사진, 그게 진짜 사진입니다.

산자고

◎ 분류: 백합과
◎ 서식지: 전국 산지 양지바른 곳

야생튤립, 야생백합이라는 별명답게 백합의 기품을 그대로 간직한 꽃이다. 전국에서 볼 수 있으나 남쪽 섬의 산자고는 특히 산, 바다 등 자연과 어울려 인기가 높다. 난초처럼 드리운 꽃잎 바깥쪽의 선명한 줄무늬가 매력적이다.

함께 보면 좋은 꽃

나도개감채

주로 중북부 지방 산지에서 4월에 핀다. 산사고와 비슷한 피로이시긴 꽃의 크기가 색나.

중의무릇

전체적으로 산자고와 비슷하나 훨씬 작고 꽃이 노란색이나.

설중화

더 어이 아련하고 처연하리,
눈 속의 꽃이여

▲ 복수초

눈 속에 핀 꽃 사진, 꽃 사진을 찍는 이에겐 로망입니다. 무엇보다 눈이 와야 하고, 그 위로 꽃이 올라와야 하니 쉬운 조건은 아니죠. 그만큼 만나기 힘들기 때문에 오매불망합니다.

조 작가와 함께 설중화雪中花를 벼르고 별렀습니다. 그러다 4월에 정선 함백산에 눈이 왔다는 소식이 들려왔습니다. 늘 마음에만 담고 있던 터니 그곳으로 내쳐 달렸습니다. 그렇게 달려 꽃을 만났습니다.

눈을 헤치고 오른 복수초, 눈 속에 오롯이 잠긴 채 얼굴을 빼꼼 내민 선괭이눈, 눈을 뚫고 올라 세수한 듯 말간 한계령풀을 만난 겁니다. 오매불망하던 모습 그대로였습니다. 탄성이 절로 났습니다.

복수초를 흔히 '눈색이꽃'이라고도 부릅니다. 눈을 녹이고 피었다 하여 이리 부르는 겁니다. 이날 복수초와 함께 본 선괭이눈과 한계령풀 또한 오롯한 '눈색이꽃'이었습니다. 그러니 탄성이 절로 날 수밖에요.

그런데 꽃에 대한 감상과 달리 사진 찍는 일이 만만치 않았습니다. 새하얀 눈에 꽃이 묻힌 경우, 그대로 핸드폰 자동 모드로 찍으면 십중팔구 꽃이 어둑한 사진이 찍힙니다. 이는 핸드폰이 배경인 눈까지 넣어서 노출을 계산했기 때문입니다

밝은 눈에 맞게끔 노출값을 계산하니 어두운 꽃은 더 어둡게

◀ 앉은부채

▶ 선괭이눈

◀ 너도바람꽃

▶ 한계령풀

찍힙니다. 그래서 수동 모드로 어두운 꽃을 밝히려 노출값을 밝게 조절하면 상대적으로 밝은 눈이 더 밝아집니다. 이러면 눈의 질감이 싹 사라져 버리고 하얗게 변해버립니다. 눈이 눈다워야 생생하게 함께 사진에 담기는데 하얗게 변해버리면 낭패가 아닐 수 없습니다. 그렇게 멀리 가서 찍은 의미가 없어지는 거죠.

그렇다면 눈과 얼음 그리고 꽃을 다 살릴 방법이 없을까요?

물론 있습니다. 조그만 휴대용 손전등을 사용하면 금세 해결됩니다. 손전등을 켜고 꽃에만 빛이 들어가게끔 비춰줍니다. 이때 눈에는 빛이 닿지 않게끔 주의해야 합니다. 꽃에 빛이 든 순간, 눈의 질감도 오롯이 살면서 꽃 또한 생생하게 살아납니다.

다음으로 꽃이 눈을 뚫고 올라온 경우입니다. 꽃이 햇빛을 받은 경우는 문제없습니다. 다만 꽃이 햇빛을 받지 않았을 때가 좀 까다롭습니다. 이 경우 자동 모드에서 꽃이 다소 어둡게 표현됩니다. 이럴 때 밝은 손전등을 비추면 꽃이 너무 밝아질 수 있습니다. 꽃은 밝고 눈은 어둑한 사진이 되기 십상입니디. 해결책은 반사 가능한 금속이나 종이를 이용하는 겁니다. 다만 손전등보다 덜 밝은 반사 물질이 효율적입니다. 하늘 빛을 적당히 꽃에 반사해 주면 꽃과 눈의 질감이 오롯한 사진을 찍을 수 있습니다.

때론 눈을 더 차갑게 표현하고 싶을 때가 있죠. 이럴 땐 색온도를 조절하면 간단히 해결됩니다. 광고 사진에서 얼음의 청량감을 더하기 위해 푸른색을 더해주는 방식과 마찬가지입니다. 우선 수동 모드에서 WBWhite Balance를 선택합니다. 핸드폰 카메라 WB 조절바엔 2400K부터 7500K까지 있습니다. 숫자가 아래로 내려갈수록 푸른색이 더해지고, 숫자가 위로 올라갈수록 붉은색이 더해집니다. 낮은 숫자 쪽으로 조절바를 내리면 점차 푸른색이 더해지면서 눈이 더 차갑게 표현됩니다. 이 간단한 조절만으로도 이른바 시린 눈밭에 핀 꽃, '설중화'가 사진으로 맺히게 됩니다.

설중화

설중화를 보기는 쉽지 않다. 탐스럽게 핀 꽃 위에 눈이 내려도 따뜻한 봄볕, 봄바람에 금세 녹아버리기 때문이다. 그래서 설중화는 꽃 중의 꽃이다. 늦가을 높은 산정에서 구절초 등 가을꽃 위에 눈이 내리기도 하지만, 높은 곳까지 올라가야 하는 데다 키가 크고 시들 즈음이라 별로 인기가 없다. 나무 꽃은 설중매가 유명하다. 대표적인 설중화로는 앉은부채, 너도바람꽃, 변산바람꽃, 복수초, 노루귀, 얼레지 등 이른 봄꽃이 많다.

미치광이풀

저를 먹지 말아요

파릇한 잎사귀 사이사이로 빼꼼 내민 짙은 자주색 꽃, 그 꽃에 문득 눈길이 갔습니다. 맵시 고운 얼레지, 노루귀, 깽깽이풀, 모데미풀, 동의나물, 홀아비바람꽃 지천인 터에 외로이 핀 친구였습니다.

수수한 외모 탓에 쉽사리 눈길을 끌지 못하는 꽃이라, 저도 처음엔 꽃보다 잎에 눈길이 갔습니다. 잎은 여느 잎보다 파릇했습니다. 인조 잎처럼 보일 정도로 녹색이 진했죠. 그런데 만져보니 의외로 보드라웠습니다.

아직 꽃의 시간이라 잎에 눈길이 가지 않지만, 이 친구는 유독 잎의 빛깔이 진했죠. 꽃 역시 조화처럼 아주 진한 자주색입니다만 파릇한 잎에 대비되니 외려 칙칙해 보입니다.

색을 치치해도 꽃 모양은 종 을 닮았습니다. 무닝수렁하 솜의

유혹에 끌려 사진부터 찍었습니다. 이름도 모른 채 핸드폰 카메라부터 들이댄 겁니다. 꽃 유혹에 빠져 찍은 사진의 결과물을 보니 탐탁지 않습니다. 꽃이 잎보다 하늘 빛을 덜 받은 상태이기도 하거니와 자주색 짙은 꽃이 파릇한 녹색 잎에 묻히니 더 어둡게 보입니다.

이럴 경우 찍힌 사진의 어두운 꽃을 밝게 만드는 간단한 보정 방법이 있습니다. 핸드폰으로 찍은 사진을 지정하면 편집 툴이 나타납니다. 이 편집 툴엔 그림자 조정 기능이 있습니다. 이를테면 그림자처럼 어두운 부분에만 빛을 더 주어 밝아지게끔 만들어주는 기능입니다.

그림자 조절바를 조절하자마자 짙었던 꽃 색이 살아납니다. 게다가 그림자 안에 들어 뵈지 않던 수술도 살아납니다. 이름조차 모르고 찍었던 꽃이 그럴듯하게 보정되었습니다. 사실은 무엇보다 원본 사진에 충실해야 합니다. 아무리 보정 툴이 훌륭해도 잘 찍은 원본 사진엔 못 미칩니다. 다만 피치 못할 경우, 보정 툴이 꽤 유용하긴 합니다.

찍은 사진을 조 작가에게 보여주며 무엇인지 물었습니다.

"미치광이풀이에요. 독성이 강해 잘못 먹으면 미친다고 하여 미치광이풀이죠. 광대작약, 미친풀, 미치광이라고도 합니다."

이야기를 듣고 회들짝 놀랐습니다. 잎이 하도 싱그러워 먹을

◂ 미치광이풀 군락: 미치광이풀이 함께 무리를 지어 피었다.
▸ 노랑미치광이풀: 꽃 색이 노랗다.

직하여 한입 먹어볼까 생각했기 때문입니다. 그 후 몇 달 지나
방송에서 미치광이풀 이야기가 나오는 장면을 우연히 봤습니
다. 자연 요리 연구가가 미치광이풀을 먹고 온종일 웃고 다녔다
는 이야기였습니다. 다시금 가슴을 쓸어내렸습니다.

미치광이풀

◎ 분류: 가지과

◎ 서식지: 충청도 이북 산지

3월 말이면 피나물과 함께 산의 한 귀퉁이를 가득 덮는 꽃이다.
습하고 바위가 많은 지대에서 무리를 지어 자라며 독성이 강해
소나 사람이 먹으면 미쳐 날뛴다고 한다. 하지만 꽃은 무척이나
소박하고 예쁘다. 꽃은 진한 자줏빛 송 노랑이시빈 느룉게 노란
색도 있다. 이를 노랑미치광이풀이라고 한다.

바람꽃보다
더 바람꽃 같은

4월 중순 산 계곡을 따라 걸으며 꽃을 살폈습니다. 흐르는 물 따라 아래로 걸으며 얼레지, 노루귀, 현호색, 쌩깽이풀, 미치광이풀, 너도바람꽃과 눈 맞춤했습니다. 한 발짝마다 꽃이 자라니 봄 계곡 길은 천상의 화원과 다름없습니다. 그런데 함께 걷는 조 작가의 눈길이 예사롭지 않습니다. 빠른 걸음걸이에다 두리번거리는 게 뭔가를 찾고 있음이 분명합니다. 이 꽃 저 꽃 다 마다하고서 찾는 꽃이 대체 뭘까요? 한참을 내려간 후에야 목표를 발견한 모양입니다.

조 작가가 그토록 찾던 건 바로 모데미풀이었습니다. 어렵사리 계곡 옆에 터를 잡고 있더군요. 그런데 모데미풀을 앞에 둔 조 작가의 표정이 그다지 밝지 않습니다.

"예전엔 여기에도 제법 많았는데 이젠 별로 안 보이네요.

▲ 계곡에 핀 모데미풀: 모데미풀은 계곡이나 과거 계곡이었던 곳에서 자란다.

이 친구는 우리나라에만 있는 고유종입니다. 속명 메가레란티스$_{Megaleranthis}$는 '크다$_{megas}$'와 '나도바람꽃속$_{Eranthis}$'의 합성어로, 나도바람꽃속보다 크다는 의미이죠. 보시다시피 꽃이 크죠? 이 친구의 하얀 꽃잎도 사실은 꽃잎이 아니라 꽃받침 잎입니다. 바람꽃 가족처럼요. 꽃술 주변에 노란 꿀샘덩이처럼 생긴 게 꽃잎이에요. 희귀종이기에 잘 보존해야 하는데…"

왜 그리 조 작가가 모데미풀을 찾았는지 와닿습니다. 계곡 주변에 열 송이 남짓 핀 무더기와 딱 한 송이씩 피워 올린 세 촉만 볼 수 있었습니다. 예전엔 모데미풀이 많던 자리였다는군요, 기우일지는 몰라도 우리 다음 세대엔 사라지에 스늠씩 숨어드는

현상이 반갑지 않았을
겁니다.

모데미풀이란 이름의
유래는 뭘까요? 일제강
점기 지리산 남원 운봉
의 옛 지명인 모데기에
서 발견했다는 데서 비
롯됐습니다. 꽃이 하도 고우니 지역 이름을 따 '운봉금매화'라
부르기도 했습니다. 그런데 지금 그 지역엔 모데미풀이 없다고
하네요. 없어진 이유는 누구도 모릅니다만 사람 손길 탓이 아닐
까 짐작만 할 뿐입니다.

사진을 찍기 위해 핸드폰을 바닥에 닿게끔 하여 꽃을 우러렀
습니다. 마침 꽃잎에만 햇살이 떨어집니다. 꽃이 하늘 빛을 담
은 모양새입니다. 하늘 빛을 담은 꽃에 노출을 맞추었습니다.
카메라 노출 조절바를 아래로 내리는 것, 그것이면 됩니다. 그
러면 빛이 닿지 않는 숲의 나무들은 꽃보다 더 어두워집니다.

사진에 담긴 건, 너르되 삭막한 숲을 홀로 밝히는 모데미풀입
니다. 사진을 찍으며 마음을 불어넣습니다. 내년엔 덩그렇지 않
게, ‥‥ 더 많은 꽃 자리를 차지하기를…

모데미풀

◎ 분류: 미나리아재비과
◎ 서식지: 전국 깊은 산 계곡

전체적으로 너도바람꽃, 변산바람꽃을 닮았으며, 꽃은 더 크고 아름답다. 지리산, 태백산, 광덕산, 소백산 등 높고 깊은 산지에서만 자라기에 만나기가 쉽지 않다.

*

멸종의 위기를 이겨내리

한계령풀엔 그 이름만으로도 그리움이 배어 있습니다. 아득한 날, 설악산 한계령 능선 어드메 피었기에 한계령풀이라 이름을 얻었을 겁니다. 한때는 이 친구 얼굴조차 쉽사리 볼 수 없었습니다. 멸종위기종으로 분류될 정도로 귀하디귀했죠.

우리 땅에서는 강원도 고산지대에 올라야만, 그것도 아주 짧게 피는 그들의 시간과 맞아야만 볼 수 있었습니다. 다행히 최근엔 강원도 여기저기서 군락이 발견되어 멸종위기종에서 벗어났습니다. 그래도 여전히 애써 찾아야만 볼 수 있는 희귀종입니다. 희귀하니 보고 싶고, 꽃의 생이 짧으니 애써 찾아가고픈 한계령풀입니다.

이 귀한 친구를 만나러 정선 마항재를 찾았습니다. 4월에 무르팍까지 눈이 쌓인 날이었습니다. 그들의 군락지로 들어섰습

니다. 보이는 건 눈과 나무들뿐입니다. 무르팍까지 쌓인 눈 속에서 꽃을 찾는 일, 사실 무모한 일입니다. 무모한 줄 알면서도 눈밭으로 들어선 건 첫 번째가 그리움 때문이고, 두 번째가 일말의 기대 때문입니다.

이 친구 키가 평균 30센티미터가 넘습니다. 이리 멀대같이 크니, 제 몸의 온기로나마 눈을 녹여 얼굴을 빼꼼 내민 친구가 있을 법도 합니다.

산을 누비며 아래로 찾아 내려갔습니다. 한참을 찾았습니다만 못 찾고 다시 원위치로 올랐습니다. 그때야 발견했습니다. 거의 출발한 자리에서 약간 빗겨나 떡하니 얼굴을 내밀고 있더군요. 반가움은 이루 말할 수 없었죠. 제 온기로 눈을 녹이며 오른 샛노란 꽃잎, 경이롭습니다. 살아낸 생명력도 그러하지만 눈 속에서 꽃을 피워 올렸으니 참으로 놀랍습니다.

오후가 되자 눈이 한결 빨리 녹기 시작했습니다. 봄기운 한껏 머금은 햇살에 제아무리 쌓인 눈도 어쩔 수 없습니다. '봄눈 녹듯'이란 말 그대로입니다. 여기저기서 한계령풀이 노란 꽃을 내밉니다. 숫제 눈밭이 꽃밭입니다.

눈밭에서 역광으로 사진을 찍을 때 자동 모드로 찍으면 꽃이 어두워지기 마련입니다. 이때 어두워진 꽃을 밝게 만드는 방법이 있습니다. 손거울이나 금속, 흰 종이 심지어 주방용 포일에

빛을 반사해 꽃에 비춰주면 됩니다. 참 쉽죠? 쉬운데 미리 준비를 안 하니 사용을 못 하는 겁니다. 종이, 포일을 접으면 부피도 그다지 크지 않습니다. 이 간단한 방법이 밝음과 어두움이 한데 어울린, 눈의 질감이 도드라진 사진을 만들어 줍니다.

한계령풀

◎ 분류: 매자나무과
◎ 서식지: 강원도 고산지대

금대봉, 대덕산, 만항재 등 강원도 고산에 올라야 겨우 볼 수 있는 귀한 꽃이다. 꽃의 모양도 특별하고 신기하다. 잎이 갈라진 모습도, 노랗게 모인 꽃도 마치 귀부인의 브로치를 연상하게 한다. 이른 봄꽃답지 않게 키가 크며 희귀종으로 보호받고 있다.

* 깽깽이풀

빛을 품은 연보랏빛 꽃잎

깽깽이풀, 이름만 보면 그다지 정감이 가지 않습니다. 아름다움을 조금도 연상할 수 없는 이름입니다. 이름도 이상한 이 친구를 일부러 찾아가서 만났습니다. 가서 보고 한동안 꽃만 바라봤습니다. 사진 찍을 생각도 못 한 채 그저 보기만 한 겁니다.

꽃잎에 빛이 고스란히 스며들었습니다. 스며든 빛에 보드라운 보랏빛이 비쳐납니다. 가만히 있어도 어지러울 터인데 가녀린 꽃대에서 하늘거리니 어찔합니다. 이 고운 꽃이 대체 깽깽이란 이름을 얻은 이유가 뭘까요? 조 작가의 설명에 의하면 이렇습니다.

"첫째는 깽깽이풀이 독초라 개가 먹고 깽깽거려서 깽깽이풀이라 불렀다고 해요. 둘째는 잎이 깽깽이, 즉 바이올린을 닮아

서 그렇다는 설이 있습니다. 셋째는 개미가 씨앗을 물고 다니다 떨어뜨린 자리에 한 뭉텅이씩 피는데, 그 거리가 대충 한 발로 깽깽이할 거리여서 그렇다는 이야기가 있다네요."

여러분은 어떻게 생각하십니까? 조 작가는 세 번째가 제일 그럴듯하다지만, 솔직히 전 세 가지 다 마음에 와닿지는 않습니다. 꽃 생김에 어울릴 더 근사한 유래를 기대했기 때문입니다.

이 친구들을 산과 들에서 만나기는 쉽지 않습니다. 2011년까지 멸종위기종으로 분류될 정도였습니다. 요즘 원예종으로 개발이 되어 위기종에서 벗어났을 뿐, 야생에서는 좀처럼 보기 힘든 귀한 꽃입니다. 게다가 흐리거나 비가 오면 꽃잎을 닫아버립니다. 이는 꽃술을 보호하기 위한 생존 본능입니다. 드문 데다 빛이 좋아야만 만날 수 있는 꽃이니 만남 자체가 귀한 일인 겁니다.

사진을 찍으려고 꽃 모양을 자세히 보니 연꽃 같습니다. 더구나 빛을 모은 채 투명해진 꽃이 영락없습니다. 조 작가의 이야기에 의하면, 비 오면 잎에 닿은 빗방울이 연잎에서처럼 쪼르륵 굴러 떨어진다고 합니다.

이 친구들 사진을 찍으려면 우선 햇빛 좋은 날이어야 합니다. 흐리거나 비 오면 꽃잎을 닫아버리니 에써 찾았다가 꽃을 제대로 못 볼 수 있습니다. 그리고 이 친구들은 듬성듬성 무리 지어 핍니다. 소담한 무리를 찾아 눈높이를 낮추어 마주해 보십시오. 그리고 정오의 빛을 노려보십시오. 일반적으로 꽃 사진엔 피하는 빛이긴 합니다. 하늘에서 내리쬐는 정오의 빛이 꽃에 그림자를 짙게 드리우기 때문입니다. 하지만 깽깽이 꽃 속으로 비춰 드는 정오의 빛은 남다릅니다. 빛이 든 순간, 꽃은 왕관이 됩니다.

깽깽이풀

◎ 분류: 매자나무과
◎ 서식지: 깊은 산기슭

아름답기로도 야생화 중 으뜸에 속한다. 연보라 꽃잎도 예쁘지만 연잎을 닮은 잎도 꽃잎 못지않게 매혹적이나. 희귀종으로 자생지가 적은 데다 꽃을 피우는 시기도 짧고, 바람만 살랑 불어도 금세 꽃잎을 떨구는 탓에 제대로 된 꽃을 만나기가 쉽지 않다.

각시의 족도리를 닮은 꽃

각시족도리풀, 볼 때마다 신기한 게 이 친구들 꽃입니다. 우리가 아는 꽃의 태반은 잎 위에 달립니다. 그런데 족도리풀 종류는 죄다 땅바닥에 핍니다. 잎 아래에 소담하고 수줍게 숨은 듯하죠.

잎 모양은 심장 모양입니다. 첫눈에 봐도 하트 모양임을 직감할 정도로 또렷합니다. 꽃 색은 아주 진하디진한 자색입니다. 꽃 모양은 우리가 아는 족도리 모양입니다. 영락없는 족도리입니다. 그래서 족도리풀이란 이름을 얻었습니다. 그중에서도 각시족도리풀은 각시처럼 작고 예쁘다고 하여 이름 앞에 각시를 붙입니다,

이 친구들을 충청남도 안면도 소나무 숲에서 만났습니다. 켜

켜이 쌓인 솔가리를 헤치고 올라와 싱그러운 꽃을 피우고 있었습니다. 꽃은 각시처럼 수줍은 듯 잎 아래 숨었습니다. 꽃은 곱고 잎도 싱그러운데 핸드폰으로 찍기에 조금 부족했습니다.

잎과 꽃에는 하늘 빛이 닿습니다만, 꽃 안에 터 잡은 꽃술에는 빛이 전혀 들어가지 않습니다. 그러니 꽃술은 시커멓게 찍혀 형태조차 뵈지 않습니다.

이럴 때마다 어김없이 찾게 되는 친구가 있습니다. 어느샌가 나의 해결사로 등극했습니다. 손전등입니다. 우연히 한 번 사용해 본 후, 그 효과에 깜짝 놀랐습니다. 그래서 어떤 손전등이 있나 살폈더니 광원의 크기를 조절할 수 있는 게 있었습니다. 이 친구의 특징은 빛을 넓게 확산시킬 수도 있고, 한 부분에만 집중해서 빛을 줄 수도 있다는 겁니다. 바로 샀습니다.

이 기능은 실전에서 첫 사용입니다. 먼저 빛이 꽃술에만 집중해서 들어가게끔 광원을 좁게 조절했습니다. 꽃 안의 꽃술만 보이면 금상첨화이니까요. 그렇게 빛을 모아서 족도리 안을 비췄습니다. 그제야 수줍어 고개 숙였던 각시의 얼굴이 환하게 드러났습니다. 말 그대로 각시족도리풀입니다.

각시족도리풀

◎ 분류: 쥐방울덩굴과
◎ 서식지: 제주도, 안면도

족도리풀 가족 중에서도 제일 작고 귀하다. 제주도, 안면도에서만 서식하며 멸종위기종으로 분류되어 있다. 안면도는 신기하게도 제주도와 식생이 비슷해 새우난초, 큰천남성 등 제주도 특유의 식물들이 많다. 서울족도리풀, 무늬족도리풀, 개족도리풀, 금오족도리풀, 각시족도리풀, 자주족도리풀 등 족도리풀도 가족이 많다.

> 함께 보면 좋은 꽃

족도리풀

서울족도리풀과 비슷하나 끝에 흰 고리 무늬가 없다.

서울족도리풀

가장 흔한 종류이며 꽃 가운데 흰 고리가 선명하다.

무늬족도리풀

족도리풀보다 작으며 잎에 흰 무늬가 선명하다.

제비꽃은 바람둥이

4월에 지천으로 핀 노랑제비꽃을 보고 싶다면 서울 북한산으로 가보십시오. 온 산에 노랑나비가 날듯 꽃이 하늘거립니다. 등산로는 물론이거니와 고목 뿌리, 성곽 담벼락 아래도 꽃 천지입니다. 심지어 흙 한 줌 없는 바위에도 붙어 노랑 노랑 하는 친구도 있습니다. 언제가 조 작가가 들려준 이야기가 생각났습니다.

"천하의 바람둥이를 꼽으라면 단연 제비꽃이에요. 서로 비슷한 제비꽃끼리 교잡하여 조금씩 다른 친구들을 만들어 냅니다. 그러니 수많은 변이가 생기죠. 분류 방법에 따라 다르지만 보통 60여 종이라고 하네요. 우리나라 꽃 중에서는 종수가 제일 많을 겁니다. 그런큼 교잡도 변이도 많죠."

그렇다면 바람둥이라서 제비꽃일까요? 그건 아니랍니다. 제

비가 날아올 즈음에 꽃이 핀다고 해서 제비꽃이라 불렀다는군요. 흔히 말하는 제비족, 바람둥이의 제비는 아니었던 겁니다. 아무튼 북한산에 노랑제비꽃이 지천인 이유가 경쟁을 피해 고지대에 오른 그들의 생존 전략 때문입니다.

　한나절 동안 사진을 찍어도 질리지 않을 만큼 재미있는 환경이 많습니다. 등산로 계단, 나무뿌리 아래, 바위틈에도 꽃이 많습니다. 큰 나무 아래 숫제 꽃밭을 이룬 곳도 있습니다.

　그런데 여기서 한 가지 유의할 게 있습니다. 다다익선이라고 해서 꽃의 무리만 찾아 찍으면 이야기가 약해집니다. 허울 좋고 알맹이는 없는 사진이 되기 십상입니다. 꽃은 다소 적더라도 꽃의 이야기를 더해줄 수 있는 무리를 찾는 게 좋을 듯합니다. 바위틈새에 핀 노랑제비꽃 세 송이를 찾았습니다. 그 친구들에게 오래도록 시선이 머물렀습니다.

노랑제비꽃

◎ 분류: 제비꽃과
◎ 서식지: 전국 산지

봄꽃은 아래에서 올라가고 여름꽃은 위에서 내려온다는 말이 있는데 그 시작을 알리는 꽃이 보통 노랑제비꽃이다. 다른 제비꽃보다 늦게 피고 다른 제비꽃과 달리 무리를 지어 핀다. 제비꽃이라고 하면 보라색을 떠올리는 사람들이 많은데, 보라색 외에도 노란색, 흰색, 청색 등 다양하다. 산에서만 자라는 꽃도 있고(태백제비꽃, 장백제비꽃, 뫼제비꽃 등) 들에서 자라는 종류도 있다(제비꽃, 흰들제비꽃, 호제비꽃 등). 우리나라에서 제일 먼저 피는 제비꽃은 둥근털제비꽃이다.

함께 보면 좋은 꽃

남산제비꽃
꽃이 흰색이고
잎이 깊이 갈라진다.

장백제비꽃
꽃은 노란색이고,
열매와 높은 곳에서 산다.

백령제비꽃
미등록종으로, 계곡 바위틈에
산다. 세미꽃의 변이로
보기도 한다.

말괄량이 삐삐

생김새로 독특한 꽃이라면 금낭화도 뒤지지 않습니다. 여남은 개의 꽃이 주렁주렁 매달리는데 꽃 하나하나의 모양이 영락없는 복주머니 모양입니다. 색 또한 고운 분홍색입니다. 이렇듯 고우니 우리 주변에 널리고 널렸습니다. 진즉에 고운 걸 알아챈 사람들이 여기저기 심고 가꾸어 온 덕입니다. 4~5월이면 사무실, 아파트, 공원 꽃밭에서 심심치 않게 보입니다. 귀한 대접을 받지 못하는 이유도 그래서입니다. 오가다가 금낭화를 봐도 거의 사진을 찍지 않았습니다. 고작 눈길 한 번 주는 게 다였죠. 흔하니 찍지 않고 자주 보니 유심히 보지 않은 겁니다.

  그러던 중 두 번 금낭화와 특별한 만남을 가졌습니다. 마침내 야생에서 만난 겁니다. 야생에서 본 건 처음입니다. 원예종인

줄만 알았는데 엄연히 우리 들꽃, 야생화였던 겁니다.

첫 만남은 4월 말 가평 명지계곡가에서였습니다. 바위와 돌 투성이인 곳에서 용케 터를 잡은 데다 기특하게도 꽃까지 피워 올린 친구였습니다. 야생에서 첫 만남인 데다 도저히 살아낼 수 없을 것만 같은 돌밭에서 꽃을 피워낸 친구이니 반갑기 그지없었습니다. 그간 숱하게 봤으면서도 사진 한 번 찍지 않은 금낭화를 처음으로 핸드폰 카메라에 담았습니다.

두 번째 만남은 5월 말 설악산이었습니다. 신록이 한껏 우거진 숲속에서 분홍빛 복주머니가 하늘거리고 있더군요. 나무와 풀이 우거진 숲에서도 꽃 피운 자태가 도도했습니다. 물가 돌밭에서도, 숲속 수풀 더미에서도 살아내는 것을 보면 생명력이 강한 듯 보입니다.

야생에서 이 친구들을 보기 쉽지 않은 이유가 뭘까요? 아무래도 고우니 손을 타나 봅니다. 본디 있어야 할 자리에 그들이 있게끔 하는 일, 그것 또한 꽃 사진을 찍는 우리들의 본분입니다.

이 친구들은 워낙 키가 큰 터라 잎, 줄기, 꽃을 다 담는 일이 쉽지 않습니다. 이 모두를 한꺼번에 다 담는 건 추천하지 않습니다. 잎과 줄기보다 상대적으로 작은 꽃이 더 조그맣게 보이기 십상입니다. 복주머니의 맵시조차 제대로 담기 쉽지 않을 겁니다.

이럴 땐 선택과 집중이 필요합니다. 잎과 줄기는 버리고 꽃에만 집중합니다. 그런데 가만 보니 왠지 익숙합니다. 만화 주인공 말괄량이 삐삐가 떠오르지 않으시나요?

금낭화

◎ 분류: 양귀비과
◎ 서식지: 전국 산지

생김새가 독특한 만큼 며느리주머니, 복주머니꽃, 며늘취 등 부르는 이름도 많다. 가만히 보면, 거꾸로 매달린 통닭 같기도 하고 말괄량이 삐삐의 머리 같기도 하다. 돌단풍, 산철쭉, 초롱꽃, 비비추처럼 마을 화단에 흔하지만 야생에서는 귀하다.

함께 보면 좋은 꽃

초롱꽃
찜꼭 산지에서
쉽게 만날 수 있다.

기린초
산지의 바위 곁에서 사라며
꽃이 돌나물과 비슷하다.

나물이지만 독초예요

봄 습지나 물가에 노랑이 일렁인다면 십중팔구 동의나물 꽃입니다. 노랑도 그저 그런 노랑이 아니라 샛노랑입니다. 게다가 군락을 지어 핍니다. 상상해 보십시오. 샛노란 꽃밭을⋯ 외려 샛노랑이라 현실감이 들지 않을 수도 있습니다. 그러니 꽃밭에 들면 동화 속이란 착각에 빠지기 마련입니다.

샛노란 꽃잎도 진화의 산물입니다. 곤충을 유혹하기 위해 제 모습을 위장했죠. 동의나물은 꽃잎은 없고 꽃받침이 꽃잎처럼 보입니다. 그들의 생존 전략에 곤충만 깜빡 속는 건 아닙니다. 사람도 마찬가지입니다. 꽃말 또한 '다가올 행복'이라니⋯ 이 또한 달콤한 유혹이 아닐 수 없습니다.

동의나물은 꽃뿐 아니라 새파란 잎의 유혹에도 빠지기 십상

입니다. 심장 모양으로 생긴 잎이 곰취 잎과 흡사합니다. 혹하여 그냥 먹으면 큰일 납니다. 이름은 나물이지만 피나물과 마찬가지로 독성이 제법 강합니다.

꽃 이름의 유래도 잎에서 나왔다는 속설이 있습니다. 잎을 오므리면 물을 받을 수 있는 동이 같아 동이나물로 불렸다고 합니다. 사실 심장 모양의 잎을 살짝 오므리면 영락없는 물동이가 됩니다.

이 친구는 또 다른 이름, '입금화立金花'로 불리기도 합니다. 말그대로 풀자면 서 있는 금꽃입니다. 그래서 서 있는 금꽃 그득하게 프레이밍 했습니다. 꽃의 전체가 아니라 꽃이 그득한 부분만을 화면에 가득 담은 겁니다.

실제 꽃보다 사진에 담긴 꽃의 양은 적지만 보는 사람의 상상력은 더 넓어지겠죠? 자연스럽게 화면 바깥에도 꽃이 그득하게 피어 있다고 생각하게 됩니다. 꽃의 경계를 보여주지 않음으로써 경계가 더 확장되는 거죠. 적은 양의 꽃을 보여주고 더 많은 꽃이 있다고 착각하게 하는 효과, 바로 유혹의 프레이밍입니다.

동의나물

◎ 분류: 미나리아재비과

◎ 서식지: 전국 산지, 습지

습한 곳에서 산다. 꽃받침, 꽃술이 모두 금색이라 품위가 있다. 피나물, 동의나물처럼 이름에 나물이 붙었지만 독성이 강한 식물이 있다. 특히 동의나물은 곰취, 곤달비와 잎이 비슷하게 생겨 종종 낭패를 보기도 한다.

함께 보면 좋은 꽃

피나물
동의나물과 비슷하나 꽃이 조금 더 크고 꽃잎이 네 개이다. 독성이 있다

매미꽃
피나물과 모습은 거의 같고 개화 시기는 약간 늦다. 피나물은 줄기에, 매미꽃은 뿌리에서 꽃대가 나와 꽃을 피운다.

조름나물

저수지의 보물

조 작가가 조름나물을 보러 태백에 가자고 했을 때 아무 대답도 못 했습니다. 난생처음 듣는 이름인 데다 이름에 나물이 들어갔으니 그다지 매력적이지 않았습니다. 게다가 한술 더 떠서 태백까지 가야 한다네요. 얼마나 대단한 나물이기에 태백까지 가자고 했을까요?

조름나물 찾아가는 길, 심란했습니다. 3년 전에 불로 타버린 산길을 타야 했거든요. 벌거숭이 산 고갯마루에 한 그루 나무만 덩그렇습니다. 한 그루라서 더 마음이 아립니다. 그 나무 한 그루 때문에 그날의 상흔이 고스란히 전해 옵니다.

벌거숭이 산실을 시나 프그민 세수기를 찾았습니다. 산속 아주 작은 저수지입니다. 바람이 물결을 일으키니 하얀 꽃들이 어른거립니다. 바로 조름나물 꽃입니다. 산 건너 물 건너 찾아온 궁금증이 보자마자 해소되었습니다.

이 친구들은 물속에 뿌리를 두고 자랍니다. 꽃에 하얀 솜털이 보송보송한 게 딱 어리연꽃입니다. 어리연 여남은 송이가 한데 뭉쳐 핀 모양입니다. 어리연은 한 송이만으로도 고운데 이 친구들은 이렇게 뭉쳐 핀 게 차라리 어찔합니다.

조 작가 설명에 따르면 조름나물은 멸종위기 식물로 분류되어 있습니다. 게다가 대관령과 삼척 이북 지역에서만 자란다는군요. 귀하디귀한 만남이 아닐 수 없습니다. 조름나물 꽃에 대한 조 작가의 설명은 이렇습니다.

"꽃은 밑에서부터 위로 올라가면서 하나씩 피어요. 큰까치수염같이 이렇게 뭉쳐 있는 꽃들이 대개 이렇습니다. 이러면 꽃이 다 피고 질 때까지 생명력이 되도록 오래 유지되죠. 마지막 꽃까지 수정이 가능하게 하려는 그들 나름의 전략인 겁니다."

꽃 이름이 왜 조름나물일까요? 조 작가는 두 가지 설이 있다고 합니다.

"하나는 '짐승이 먹고 졸더라' 해서 조름나물이라고 불렀다네요. 실제로도 안정 효과가 있다고 합니다. 또 하나는 꽃잎의 실털이 물고기 아가미에 있는 빗살무늬와 비슷하게 생겨서랍니다. 아가미의 그것을 조름이라고 부르거든요."

　이름의 유래를 알고 보면 늘 재미있습니다. 꽃 이름에 담긴 건 사람의 상상력입니다. 그 옛날 어떤 이의 상상이 오늘의 이야기가 된 겁니다.

　한 가지 바로잡아야 할 부분이 있습니다. 여기저기 검색해 보면 국가생물종지식정보시스템과 백과사전, 생태도감에 조름나물은 대부분 개화 시기가 7~8월로 나와 있습니다. 여기 태백에선 4월 말부터 꽃이 핍니다. 지구 환경 변화로 생태가 바뀌었는지는 모르지만, 분명한 건 4월부터 꽃이 핍니다.

　저수지에서 사진을 찍을 땐 늘 바람을 살핍니다. 저수지인데 웬 바람이냐고요? 바람이 열일하기 때문에 늘 살피고 읽어야 합니다. 바람이 일지 않을 땐 꽃 반영이 늪에 맺힙니다. 물 반영이 어우러진 꽃 사진을 찍으려면 바람이 멈추는 순간을 노려야 합니다. 바람이 일 땐 차라리 물결을 배경으로 삼는 것도 괜찮습니다. 바람의 방향, 바람의 세기, 바람을 타는 햇살에 따라 꽃은 달리 보입니다. 바람을 읽는 일이 꽃을 읽는 일입니다.

조름나물

◎ 분류: 조름나물과
◎ 서식지: 강원도 습지

멸종위기종으로 우리나라에서는 서식지가 극히 한정적이다. 깊지 않은 습지나 연못에서 자라며 키는 40센티미터 정도로 큰 편이다. 어리연꽃이 한꺼번에 모여 있는 모습이다.

함께 보면 좋은 꽃

1. 라아리여
조름나물처럼
꽃잎에 털이 많다.

큰까치수염
꽃이 한꺼번에 모여 자라며
아래부터 지기 시작한다.

색소폰 합주의 향연

태백에서 활약하는 박병무 사진작가가 등칡을 보러 가잡니다. 등칡 꽃을 꼭 보여주고 싶다더군요. 워낙 독특하고 귀한 꽃이라는 소문은 익히 들었습니다. 그러니 군말 없이 따라나섰습니다. 심지어 설레기도 했습니다. 전설처럼 말로만 듣던 꽃을 눈으로 직접 보게 될 테니까요. 그런데 가는 길 내내 조 작가가 별로 달가워하지 않는 표정이었습니다. 노루삼 꽃을 못 찾았을 뿐 아니라 등칡 꽃은 나무 꽃이기 때문입니다.

조 작가와 책을 구상하며 우리 땅에 피는 들꽃 중 의미있는 100종을 소개하자는 목표를 세웠죠. 등칡은 목본木本이니까 꽃이 아무리 고와도 들꽃이라고 할 수는 없겠죠. 목표에서 벗어나니 조 작가는 망설였던 겁니다.

저간의 사정이 어찌 되었든 우거진 등칡 꽃 앞에 섰습니다. 첫 모습에 말문이 막혔습니다. 도저히 꽃이라고는 상상조차 할 수 없는 생김이었습니다. 소문으로만 듣다가 직접 눈으로 보니 더 놀라웠습니다. 생김이 딱 색소폰 모양입니다. 어떤 친구는 호른을, 어떤 친구는 튜바를 닮았습니다. 한 나무에 달린 꽃만 수백 송이, 숲속에서 작은 음악회라도 열린 것 같습니다.

정신없이 사진 찍었습니다. 조 작가도 마찬가지였습니다. 이런 친구를 앞에 두고 어느 누가 카메라를 꺼내지 않겠습니까? 다만 끝 간 데 없이 나무를 타고 오른 친구들이라 핸드폰만으로 사진 찍는 데 한계가 있었습니다. 저는 발꿈치를 최대한 세우고 비장의 무기인 셀카봉까지 꺼냈습니다.

아무리 찍어도 마음에 차는 사진이 나오지 않았습니다. 조바심도 났습니다. 눈으로 보기엔 신비한데 사진엔 그 신비함이 담기지 않더군요. 다행히 산을 오르니 다시 등칡이 나타났습니다. 이번에는 고맙게도 바로 눈앞에 주렁주렁 달리기까지 했습니다. 이 친구들, 영락없는 가족 음악회입니다. 등칡을 한참 찍고 나서야 조 작가가 그들의 이야기를 들려줬습니다.

"꽃이 색소폰이나 만화 주인공 라바를 닮은 것 같죠? 독특하기로는 둘째가라면 서러울 꽃입니다. 그런데 알고 보면 이놈들 참 진인합니다. 서기 입구 보이시죠? 곤충이 저 입구로 들어가면 좀처럼 빠져나오지 못합니다. 꽃 안이 수정을 어떻게든 끝내야 빠져나올 수 있는 구조이거든요. 꽃 안에서 빠져나오지 못하고 죽는 곤충이 수두룩합니다. 꽃 모양이 특이해 인기가 많지만, 은인인 곤충에겐 한없이 잔인한 꽃인 셈이죠."

들고서도 믿기지 않아 여기저기 검색해 보았습니다. 사실이었습니다. 실제 꽃을 열어본 사람도 있었습니다. 심지어 그 안에서 빠져나오지 못한 곤충이 열댓 마리가 넘었다며 사진으로 보여준 사람도 있었습니다. TV 프로그램〈세상에 이런 일이〉에 나오고도 남을 법한 등칡 꽃입니다. 조 작가가 고민 끝에 야생화가 아닌데도 불구하고 우리가 꼭 봐야 할 꽃 100선에 등칡을 포함했습니다. 등칡의 독특한 매력에 조 작가도 빠져버린 겁니다. 하긴, 버섯 종류인 망태말뚝버섯도 있긴 하니까요.

등칡

◎ 분류: 쥐방울덩굴과
◎ 서식지: 전국 깊은 숲

광릉요강꽃, 타래난초, 개감수 등 모양이 신기한 꽃은 많지만 등칡이 단연 으뜸이다. 색소폰, 튜바를 닮기도 하고 만화 주인공 라바를 보는 것 같기도 하다.

쥐방울덩굴과의 대표적인 식물은 쥐방울덩굴이다. 꽃은 등칡보다 훨씬 작다. 꼬리명주나비 유충이 잎을 먹고 자라는데 나비가 멸종위기에 몰리면서 쥐방울덩굴도 멸종위기종이 되었다.

함께 보면 좋은 꽃

칡
칡은 잘 알지만 꽃을
눈여겨보는 사람은 드물다.

쥐방울덩굴
마을 개울가에 자라다
7월에 꽃이 피다

쓸모보다 미모

강원도 정선과 태백에 걸쳐 있는 금대봉은 오래전부터 우리 들꽃의 보고로 유명합니다. 꽃철이면 꼭 한 번 가서 보리라 오매불망하던 터에 조 작가가 금대봉에 가자고 했습니다. 1초의 망설임도 없이 그러자고 답했습니다. 5월 녹음 싱그러운 날 산행을 시작했습니다. 첫발을 떼며 조 작가가 말했습니다.

"꽃이 많아 사진 찍으면서 가다가는 시간이 부족할 겁니다. 그러니 괜찮은 친구는 점찍어 두었다가 돌아올 때 찍읍시다."

그리하자며 이 꽃 저 꽃 점찍으며 산속으로 들어섰습니다. 산 깊숙이 들자 여기저기 파헤쳐진 흔적이 수두룩합니다. 꽃이며 풀이며 흙이며 온통 헤집어져 있습니다. 알고 보니 범인은 멧돼지였습니다. 식물의 뿌리를 캐 먹느라 이 지경을 만들어 놓은

겁니다. 이 난장판에서 용케 살아남은 꽃이 눈에 들어왔습니다. 산삼 잎처럼 펼쳐진 크고 긴 잎 아래에 보라색 꽃이 고개를 숙인 채 매달려 있습니다.

당개지치를 제대로 찍으려면 자세를 많이 낮추어야 했습니다. 잎 아래에 고개 숙인 꽃이기에 의당 그리해야 합니다. 먼발치 쭉쭉 뻗은 나무가 배경이 되게끔 했습니다. 5월 숲에 홀로 보랏빛 뿜는 당개지치가 액정에 맺혔습니다.

당개지치의 다른 이름은 당꽃마리입니다. 정식 이름보다 이명이 더 와닿습니다. 5월 숲에 홀로 선 보랏빛 꽃에 한결 어울린다는 생각이 들어서죠. 산을 한 바퀴 두른 후 오후에 돌아오며 당개지치를 다시 만났습니다. 오신엔 꽃이 잎 아래서 고개를 숙이고 있었는데, 오후엔 기운을 내서 잎 위로 올라와 있는 겁니다. 한나절 만에 다른 꽃이 된 듯합니다. 한두 번 본 것만으로 꽃이 이렇다 저렇다 규정짓지 말아야겠습니다. 매순간 모습을 바꾸며 힘겹게 살아내고 있으니까요.

당개지치

◎ 분류: 지치과
◎ 서식지: 중부 이북 산지

당개지치의 이름은 중국에서 온 지치과 식물이라는 뜻이다. '개' 라는 접미사는 뭔가 부족하다는 의미로 당개지치에는 뿌리에 염료로 쓰는 자색 성분이 없다. 지치과 식물치고는 쓸모가 떨어지지만 그래도 미모는 월등하다. 중부 이북 산지에서만, 그것도 그늘진 곳에 숨어 있어 만나기 쉽지 않다. 지치, 모래지치, 개지치, 반디지치 등 지치과도 가족이 많다.

함께 보면 좋은 꽃

반디지치
당개지치와 닮기 닙폭
해안가에 산다.

모래지치
바닷가 모래밭에 살며
시치저럼 꽃이 흰색이다.

애기괭이밥

아기고양이처럼 꼼냥꼼냥

봄날 도시를 걷다 보면 하트 모양 잎이 한 뭉텅이씩 핀 게 보입니다. 잎 모양만으로도 눈길을 끕니다. 꽃은 샛노랗습니다. 무수한 사람들이 오고가는 보도블록 틈에서도 뭉텅이로 피니 눈에 띄지 않을 수 없습니다. 하트 모양 잎에 샛노란 꽃이니 이 친구를 두고 괭이밥이라고 부릅니다. 고양이가 잘 뜯어 먹어서 괭이밥이라는 이름을 얻었다고 합니다.

괭이밥 이름을 가진 친구들이 또 있습니다. 하나는 큰괭이밥입니다. 3월 말에 천마산에서 만났습니다. 잎 생김새가 비슷합니다만 괭이밥보다 꽃도 잎도 컸습니다. 땅바닥에서 어렵사리 올라와 모양만 겨우 갖춘 생김새였습니다. 꽃 색은 흰색이며 꽃잎에 붉은 줄무늬가 선명하게 아로새겨져 있었습니다.

또 하나는 애기괭이밥입니다. 5월 말에 설악산에서 만났습니다. 이름에서 알 수 있듯 큰괭이밥보다 꽃이 앙증맞습니다. 꽃잎에 붉은 줄무늬까지 있으니 생김새는 거의 같습니다. 다만 큰괭이밥과 달리 잎 아래쪽에 노란색 띠가 있습니다.

설악산 능선에서 살아가는 애기괭이밥의 삶, 그것만으로도 기적처럼 여겨졌습니다. 하물며 바람 차고 드센 날인데도 얼굴을 꼿꼿이 들었습니다. 이렇듯 밝고 화사한 얼굴을 가진 애기괭이밥의 꽃말은 '환희', '기쁨'입니다.

사진 찍을 때 꽃은 물론이거니와 잎까지 살폈습니다. 사랑초라 불리는 만큼 하트 모양의 잎이 도드라지게끔 앵글을 잡았습니다. 꽃이 아름답다 하여 꽃에만 눈길을 주면 그들이 품은 이야기를 놓치기 십상입니다. 심장 모양 잎이 들려주는 그들의 이야기에도 눈길을 줘보십시오. 사진에 꽃만 피는 게 아니라 사랑도 핍니다.

애기괭이밥

◎ 분류: 괭이밥과
◎ 서식지: 전국 깊은 산지

괭이밥 가족 중에서도 제일 귀하고 예쁘다. 소백산, 설악산, 태백산 등 깊은 산 계곡에 산다. 큰괭이밥은 애기괭이밥보다 두 배정도 더 크다.

큰괭이밥은 전국 산에서 쉽게 만나며 꽃잎에 핏줄처럼 선명한 줄무늬가 매력이다. 괭이밥 가족으로는 괭이밥, 선괭이밥, 자주괭이밥, 덩이괭이밥 등이 있다.

함께 보면 좋은 꽃

큰괭이밥
선명한 줄무늬가
매력적이다.

선괭이밥
꽃과 잎이 싹나,
길거리에서 쉽게 만난다.

*

옥녀꽃대

오작교에서 만나요

옥녀꽃대를 본 건 안면도 숲입니다. 잎 사이로 하얀 무엇이 불쑥 솟아 있었습니다. 꽃인 듯 아닌 듯 묘한 모양새였습니다. 꼭 병 세척에 사용하는 솔 같았으니까요. 가느다랗고 하얀 꽃술이 솔처럼 삐죽삐죽 나와 있더군요. 이름이 꽃이 아니고 꽃대인 이유도 외모 때문인가 봅니다. 꽃잎이 없이 꽃술만 뭉쳐서 꽃대를 이룬 모양새가 독특합니다.

이 친구의 이름이 옥녀꽃대인 건 거제도의 옥녀봉에서 처음 발견되어 그렇습니다. 이 친구들은 남부 지방에 주로 서식합니다. 재미있게도 이 친구와 아주 흡사하게 생긴 꽃이 있습니다. 주로 숭부 이북에 서식하는 홀아비꽃대입니다. 꽃 모양이 거의 비슷합니다. 홀아비꽃대는 수술이 옥녀꽃대보다 조금 짧고 수

술 아래에 노란색 꿀샘을 갖고 있습니다. 이 홀아비꽃대에 견주어 남쪽의 옥녀꽃대를 과부꽃대라 칭하기도 하죠. 야생화 애호가들 사이에서는 둘이 곧 만나게 될 것이란 우스개가 있습니다. 기후환경 변화로 식물의 서식환경이 변하니 이런 우스개가 나오는 거겠죠?

옥녀꽃대 사진을 찍는 날은 흐리고 숲은 어둑어둑했습니다. 이런 날은 사진에 생기가 돌지 않죠. 그래서 손전등을 꽃대에 비추어도 보았는데 아무래도 자연스럽지 않더군요. 사진이 마음에 들지 않으면 오래도록 마음에 머뭅니다. 다른 꽃을 만나도, 다른 환경을 만나도 그 사진이 오래도록 마음을 어지럽히거든요.

다른 곳에 가서 다른 사진을 찍는데 마침 비가 내렸습니다. 옳다구나 싶었습니다. 짙은 녹색이라 칙칙했던 잎이 비에 젖으면 파릇하게 생기가 돕니다. 함초롬 물 묻은 하얀 꽃대도 새하얗게 반질거리겠죠. 발길을 돌려 그 친구를 다시 찾았습니다. 해 질 녘이라 숲은 더 어둑합니다만 꽃과 잎은 싱그럽기 그지없습니다. 마침 길섶이라 차의 헤드라이트를 옥녀꽃대에 비췄습니다. 꽃과 잎이 빛을 받자 이내 싱그러운 꽃밭이 됩니다. 마음을 어지럽혔던 사진은 이내 잊혔습니다.

옥녀꽃대

◎ 분류: 홀아비꽃대과
◎ 서식지: 제주도, 남부 지방

유사한 종이면서 생태계가 남북으로 갈린 꽃들이 몇 가지 있다. 매미꽃과 피나물, 노랑망태버섯과 망태말뚝버섯. 그중에 대표적인 꽃이 바로 옥녀꽃대와 홀아비꽃대이다. 둘은 오작교에서 만날 수 있을까? 다행히 제주도와 지리산에서 두 꽃이 함께 산다는 얘기를 듣기는 했다. 꽃의 구조는 특이하다. 솔처럼 생긴 것은 수술이며 꽃잎도 꽃받침도 없다. 옥녀꽃대의 꽃술이 홀아비꽃대보다 두세 배쯤 길다.

함께 보면 좋은 꽃

홀아비꽃대
주로 중부 이북에 살며 옥녀꽃대에 비해 꽃술이 짧다.

맹독을 품은 아이

20여 년 전 꽃보다 열매를 먼저 만났습니다. 새빨간 색이 그 자체만으로도 유혹입니다. 모양을 설명하자면, 새빨간 알갱이가 빼곡한 옥수수입니다. 크기는 옥수수 삼등분만 합니다. 하도 탐스러우니 군침부터 돕니다. 그때 함께한 일행이 농담처럼 말했습니다.

"한번 드셔보세요. 큰일 납니다. 조선 시대 장희빈이 마신 사약을 이걸로 만들었다고 합니다. 하하하! 이름이 천남성天南星입니다. 천남성은 하늘에서 가장 양기陽氣가 강한 남쪽 별인데요. 이 별에 빗대 양기가 강한 약성을 가졌다 하여 천남성입니다."

그 당시 사약으로 사용했다는 믿거나 말거나 한 이야기에 가슴을 쓸어내렸습니다. 20여 년이 지나도 사약 이야기와 천남성이 잊히지 않습니다.

차를 타고 안면도 숲으로 난 길을 가는 중이었습니다. 가다가 길섶에 독특한 모양새가 얼핏 보였습니다. 얼른 차를 세우고 내려가서 봤습니다. 큰 이파리 아래 코브라가 머리를 곧추세우고 숨은 듯했습니다. 함께한 조 작가가 큰천남성이라 일러줬습니다.

▲ 천남성 열매: 딸기송이 같지만 독성이 강해 피해야 한다.

듣자마자 사약 이야기가 떠올랐습니다. 천남성 가족인 큰천남성이니까요. 모양새가 참으로 독특합니다. 차를 타고 스치듯 지나가다가도 눈에 띌 정도입니다.

코브라처럼 생긴 그것은 꽃을 싸고 있는 불염포입니다. 뱀 모양 때문에 큰사두초라 불리기도 한답니다. 천남성과는 불염포 모양이 거의 흡사하지만 큰천남성이 단연 큽니다. 선명한 흑자색 줄무늬도 매혹적입니다.

이 친구를 발견한 길섶이 마침 동백숲입니다. 빨간 동백이 여기저기 떨어져 있네요. 큰천남성의 붉은 열매가 연상될 만큼 붉은 꽃이 수두룩합니다. 그래서 동백과 어우러지게끔 사진을 찍었습니다. 큰천남성이 기야 할 길은 동백이 미리 일러주는 듯합니다.

큰천남성

◎ 분류: 천남성과
◎ 서식지: 남부 지방 바닷가

천남성과는 초오과(투구꽃, 진범 등)와 더불어 과거 사약 재료로 쓰였을 정도로 맹독성 식물로 유명하다. 두루미천남성, 점박이천남성, 둥근잎천남성 등 천남성 가족도 종류가 많지만, 큰천남성은 전체적으로 크고 모습이 독특하기로 유명하다. 서식지도 제한적이어서 만나기 쉽지 않다.

함께 보면 좋은 꽃

두루미천남성

잎은 뻗친 모습이 두루미가 날아 가는 모습을 닮았다.
꽃이삭이 길게 뻗어 독특한 모습을 하고 있다.

나는 높은 산이 좋아요

이름이 꿩의다리아재비입니다. 국가생물종지식정보시스템엔
띄어쓰기 없이 이렇게 되어 있습니다. 꿩의다리아재비, 그 자체
로 고유명사이기 때문입니다. 이름에 대한 궁금증 때문에 꿩의
다리아재비라 명명된 이유를 찾아봤습니다. 우선 꿩의 다리는
줄기가 꿩의 다리처럼 가늘다 하여 이름 붙여진 겁니다. 다음으
로 아재비는 모양이 비슷한 식물에 붙이는 이름입니다. 그렇다
면 꿩의 다리처럼 가녀린 줄기를 가졌으며, 식물 '꿩의다리'와
비슷하여 꿩의다리아재비인 겁니다.

이 친구는 설악산에서 만났습니다. 설악산 장수대 분소에서
대승폭포, 대승령을 지나 안산으로 가는 능선에서 하늘거리고
있었습니다. 꿩의다리아재비는 세계에 2종, 우리나라에는 1종

뿐입니다. 그만큼 보기 힘든 친구를 설악의 품에서 만난 겁니다.

봄꽃 중에서는 키가 아주 큰 축에 들 정도로 컸습니다. 줄기는 가느다랗습니다. 그 줄기 끝에 1센티미터도 안 되는 꽃들을 피웠습니다. 꽃 색은 옅은 노랑이거나 엷은 녹색입니다.

꽃을 자세히 들여다보면 생김이 아주 담백합니다. 조물주가 아주 심플하게 디자인한 듯합니다. 꿀샘처럼 동글동글하게 꽃술을 둘러싸고 있는 게 꽃잎입니다. 이 친구도 꽃받침을 꽃잎처럼, 잎을 꿀샘처럼 보이게 하여 곤충을 불러 모으는 생존 전략을 택했습니다. 봄꽃들의 전략, 놀랍고 신비롭습니다.

이 담백한 친구의 사진을 찍는 게 쉽지만은 않습니다. 더구나 핸드폰으로는 가장 어려운 피사체 중 하나입니다. 우선 키가 너

무 큰 데다 숲속에 있습니다. 이러니 당최 꽃이 돋보이는 건 고사하고, 꽃을 알아보게끔 찍는 것조차 만만치 않습니다. 해결책으로 바닥에 쭈그리고 앉아서 꽃을 올려다봤습니다. 이러면 배경이 풀숲이 아니고 먼발치에 있는 나무가 됩니다. 게다가 나뭇잎을 비집고 든 햇살이 빛 망울이 되어 꽃을 돋보이게 해줍니다.

사실 아무리 조건이 어려워도 요모조모 살피면 해결책이 있습니다. 사진이 매력적인 이유도 여기에 있습니다. 쉬우면 오히려 재미없습니다.

꿩의다리아재비

◎ 분류: 매자나무과
◎ 서식지: 중부 이북 고산

1,000미터 정도의 깊고 높은 지대에 산다. 꽃의 색이 연하고 작아 눈에 잘 띄지 않는다. 그만큼 보기 귀하다는 뜻이다. 꿩의다리라는 이름이 붙었지만 꿩의다리 가족(꿩의다리, 산꿩의다리, 은꿩의다리 등)과는 거리가 멀다. 생물 이름에 '너도', '나도', '아재비' 등이 붙으면 가족은 아니지만 닮았다는 뜻이다.

오직 그 자리에

한강 발원지로 알려진 태백 검룡소 가는 길에 눈 씻고 꽃을 훑었습니다. 이름이 대성쓴풀인 꽃을 찾으려는 겁니다. 그런데 좀처럼 뵈지 않습니다. 조 작가와 함께 눈에 불을 켜고 훑는데도 좀처럼 뵈지 않았습니다. 샅샅이 뒤져 겨우 찾았는데 너무 실망스러웠습니다. 꽃이 작아도 너무 작았습니다. 1센티미터도 안 되니 그렇게나 찾기 힘들었던 겁니다.

꽃을 찾고도 핸드폰 카메라로 찍을 생각조차 안 했습니다. 사진 찍을 마음이 들지 않을 만큼 막막했기에 그랬습니다. 우선 조 작가의 설명을 듣고 찍든 말든 해야겠다 생각했습니다.

"이 조그만 게 우리나라에서는 여기만 있어요. 북방계 식물이라 중국, 몽골, 러시아에 있습니다만 희한하게도 우리나라 태

백 북쪽에서는 발견되지 않았어요. 멸종위기 2급이라 여기서 사라지면 우리나라에서 멸종이죠."

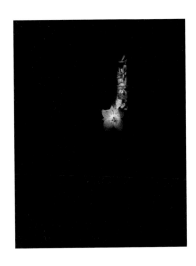

이 작은 꽃이 멸종위기 종이라니, 짠합니다. 조 작가가 이야기를 듣고 핸드폰 카메라를 준비했습니다. 꽃자리 주변은 풀 하나 없는 흙바닥입니다. 배경이 마땅치 않아 고민하던 차에 조 작가가 꽃을 자세히 보라며 설명을 이었습니다.

"꽃받침 잎이 네 개예요. 꽃잎도 네 개이고요. 꽃잎마다 꿀샘이 두 개씩이니 모두 여덟 개이죠. 보통 쓴풀과 자주쓴풀은 꽃잎이 다섯 장이에요. 식물 꽃잎은 홀수가 많은데 이 친구는 모든 게 짝수이며 균형이 딱 맞아요."

이 설명에 배경 고민은 싹 접었습니다. 꽃 바로 위에서 꽃을 내려다보며 사진을 찍었습니다. 설명대로 균형이 기막히게 맞아 있습니다. 만약 조 작가의 설명이 없었다면 이런 특성을 살려 찍지 못했을 겁니다. 역시 사진은 내용을 파악하는 데서 시작하는 겁니다.

꽃 사진을 찍고 검룡소로 오르니 안내소 입구에 대성쓴풀 이야기가 적혀 있습니다. "대성쓴풀은 대덕산에서 처음 발견되었는데, 대성산으로 착각해 대성쓴풀이라 이름이 붙었다." 안내문을 한창 읽고 있는데 안내원이 한마디 덧붙였습니다. "앞으로 대덕쓴풀이라 불러주세요. 꼭이요."

대성쓴풀

◎ 분류: 용담과
◎ 서식지: 태백 검룡소

쓴풀 중에서는 제일 먼저 피고 제일 작다(10센티미터). 멸종위기종이며 우리나라에서는 단 한 곳에서만 자란다. 쓴풀 가족은 모두 6종으로 쓴풀, 개쓴풀, 자주쓴풀, 큰잎쓴풀, 네귀쓴풀, 대성쓴풀이 있다. 네귀쓴풀과 대성쓴풀은 꽃이 작고 꽃잎이 네 장이며, 나머지는 꽃이 상대적으로 크고 꽃잎이 다섯 장이다.

함께 보면 좋은 꽃

자주쓴풀
키가 40센티미터 정도로 그리고 9월에 꽃이 핀다.

네귀쓴풀
여러모로 대성쓴풀과 비슷하나 높은 산에서만 자란다.

초여름

5~6월

주근깨가 더 아름다운 꽃

금강애기나리를 이름으로 풀자면 금강산과 아기 그리고 나리입니다. '금강산에 있는 아주 작은 백합'이라는 뜻이죠. 그런데 최근에 죽대아재비속이라 하여 이름이 금강죽대아재비로 바뀌었다고 합니다. 이 글을 쓰면서 국가생물종지식정보시스템에서 금강죽대아재비를 검색해 봤는데 검색되지 않았습니다. 꽃 이름은 바뀌었는데 국가생물종지식정보시스템엔 없는 꽃인 거죠.

사실 꽃만 보면 금강애기나리라는 이름이 한결 어울립니다. 꽃이 손톱만 합니다. 앙증맞기 이를 데 없습니다. 모양은 마치 별 같습니다. 꽃잎엔 보라색 점이 점점이 박혔습니다. 그래서 꽃을 씨는 사람들이 '깨꾸이'기 부르기도 합니다.

이 친구들을 만나는 겁 쉽지 않습니다. 대체로 고산지대에 실

기에 높은 산에 올라야 볼 수 있죠. 이 친구들을 처음 만난 건 금대봉에서였습니다. 처음엔 군락지마다 훑었건만 쉽사리 볼 수 없었습니다. 그들의 시간보다 이르게 간 탓이었습니다. 한참을 훑다가 딱 한 친구를 만났습니다. 온 산을 뒤져 겨우 만난 깨순이 더없이 곱게 여겨졌습니다. 그런데 이때부터 한동안 심란했습니다. 이 친구가 터 잡은 곳이 바람이 거침없는 산 능선이었습니다. 가녀린 줄기에 손톱만 한 꽃이 바람을 타니, 사진은 고사하고 눈으로만 보기도 쉽지 않습니다.

사실 눈으로 보는 것보다 액정 화면에서는 더 흔들려 보입니다. 마침 핸드폰에는 움직임을 추적하는 포커스 추적 기능이 있습니다. 손가락으로 액정 화면을 눌러 포커스를 맞출 꽃을 지정합니다. 그러면 핸드폰이 자동으로 꽃을 따라다니며 포커스를 맞춥니다. 바람 심할 때는 무용지물이지만, 바람이 잦아든 순간엔 꽤 유용합니다.

일주일 후 설악산에서 금강애기나리를 만났습니다. 설악의 품엔 제법 많은 꽃이 피어 있더군요. 설악산 능선의 바람도 만만찮은데 에서 재미있는 친구를 만났습니다. 고목이 썩어 움푹 팬 밑동에 들어가 터 잡은 친구였습니다. 제아무리 바람 불어도 ▨▥ ▧▨▥ ▧▨ ▥▥▨ ▧▨ 이 친구 덕에 깨 자글자글한 깨순이 얼굴 제대로 봤습니다.

금강애기나리

◎ 분류: 백합과
◎ 서식지: 높고 깊은 산

애기나리, 큰애기나리, 금강애기나리 등의 애기나리 가족 중에서 금강애기나리가 제일 아름답고 귀하다. 아주 높고 깊은 산에서만 자라기 때문이다. 또한 금강초롱꽃, 금강제비꽃, 금강봄맞이처럼 꽃 앞에 금강이 붙으면 금강산을 연상하기도 하지만, 말 그대로 귀하고 아름답다는 뜻이다.

함께 보면 좋은 꽃

애기나리

여린 미색의 꽃이
아래를 향해 핀다.

윤판나물

줄기와 잎이 큰애기나리와 비슷해
대애기나리 또는
큰 가지애기나리라고
불리지만 꽃은 노란색이다.

내 몸 하나 등신불이 되리니

세상에서 가장 슬픈 운명의 꽃을 꼽으라면 단연 매화마름입니다. 조 작가가 들려주는 이 친구의 운명은 이렇습니다.

"얘들은 논에서만 삽니다. 그런데 꽃이 피고 질 때쯤 논갈이하지 않으면 종족 번식을 할 수가 없어요. 안 그러면 씨가 물 위에 둥둥 뜨거든요. 줄기와 잎이 워낙 약해 높은 온도에 그냥 녹아버려요. 발아도 되지 않고요. 반드시 경작해야 씨가 땅에 스며들어 이듬해 꽃 피울 수 있어요."

매화마름은 워낙 경쟁력이 약해서 다른 잡초를 피해 논에 터 잡은 친구들입니다. 그런데 땅속에 스며들어야만 씨를 퍼트릴 수가 있다니, 세 몸을 희생해야만 씨를 살릴 수 있다니, 어찌이리도 기구한 운명일까요!

이 친구들은 논이 개발되면서 멸종위기에 처한 지 오래입니다. 지금은 안면도, 강화도에만 남아 있습니다. 처음이 친구들을 만난 건 안면도에서였습니다. 아직 논갈이하지 않은 마른 땅에 있었습니다. 그 척박한 땅에서도 용케 살아내고 있었습니다. 매화마

름은 꽃은 매화를 닮고 잎은 붕어마름을 닮아 매화마름입니다.

물속에 있는 매화마름이 보고 싶었습니다. 그래서 강화도로 가서 매화마름을 만났습니다. 멸종위기에 처한 매화마름을 보존하는 군락지가 강화도에 있습니다. 이 논은 시민들의 성금으로 산 겁니다. 시민의 힘이 매화마름을 지켜내고 있는 겁니다. 가서 보니 매화마름이 한창 고울 때였습니다. 앙증맞은 꽃들이 논을 덮었습니다. 이른바 물속에 매화 천지였습니다.

욕심 같아선 물속에 들어가 사진을 찍고 싶었습니다. 하지만 그럴 수는 없는 노릇이죠. 소중히 보호해야 할 매화마름이니까요. 빌기도 쓰 써 내 이며, 이런 상황에서 셀카봉에 장착된 핸드폰이 DSLR보다 더 낫습니다. 꽃 바로 위에서 제대로 찍을 수 있

으니까요.

 이 꽃 저 꽃 찍다가 흥미로운 것을 발견했습니다. 논에 물을 대는 호스에 난 구멍에서 작은 분수처럼 물이 뿜어져 나오고 있었습니다. 그 분수가 매화마름이 있는 수면으로 떨어집니다. 수면에 물방울이 동동 떠다니는 것처럼 보입니다. 꽃에 물방울이 대롱대롱 매달립니다. 꽃에 달린 물방울 하나, 마치 매화마름의 슬픈 눈물처럼 여겨집니다.

매화마름

◎ 분류: 미나리아재비과
◎ 서식지: 서해안 일대의 논, 농경지

신기하게도 논에서만 자라는 꽃이다. 농경지가 줄어들고 농약 사용이 많아지면서 멸종위기종이 되었다. 꽃은 손톱보다 작지만 물매화, 매화노루발처럼 이름에 매화가 붙을 정도로 아름답다.

함께 보면 좋은 꽃

매화

매화는 장미과로 매화마름과 섞여 나온다. 하얀 꽃잎에 매화라는 이름이 붙으면 매화처럼 아름답다는 뜻이다.

노루가 뛰노는 길목에서

야생화 보고인 금대봉에서 온갖 꽃을 본 날입니다. 조 작가의 표정이 여느 때와 다릅니다. 뭔가 만족하지 못한 표정입니다. 이날 금대봉 꽃자리를 안내했던 태백의 박병문 사진작가가 당신만 아는 다른 산으로 우리를 끌었습니다(부득이 장소 공개를 못 합니다).

그 산엔 등칡 꽃이 흐드러져 있었습니다. 난생처음 보는 등칡 꽃에 홀딱 반해 있는데 조 작가의 표정은 심드렁합니다. 봄 내내 조 작가와 함께했으니 그 표정이 무얼 의미하는지 알 것 같았습니다. 금대봉에서도 두리번거리며 찾아보았고, 등칡 꽃 흐드러진 산에서도 뭔가를 찾고 있는 겁니다. 꼭 봐야 하는 그 무엇이 대체 뭘까요?

자못 궁금하던 차에 앞서 걷던 조 작가가 흥에 찬 목소리로

저를 불렀습니다. 달려가 보니 숲속에 뽀얀 꽃이 보였습니다. 얼핏 보니 조금 길쭉한 솜사탕 모양입니다. 속을 들여다보니 마치 100여 송이 꽃이 뭉친 듯합니다. 이름이 노루삼이라며 조 작가가 설명했습니다.

"꽃 생김이 노루궁뎅이를 닮아서 노루삼이고, 노루가 먹는 삼이라서 노루삼이에요. 꽃을 한번 자세히 보세요. 보기 드물 정도로 아름다워요."

실로 그랬습니다. 조 작가가 두 산을 훑으며 그토록 노루삼을 찾았던 이유를 알 듯했습니다.

오랜 시간이 지나 난데없이 9월에 비슷하게 생긴 꽃을 봤습니다. 알고 보니 촛대승마였습니다. 노루삼과 같은 미나리아재비과인데 꽃이 더 길쭉했습니다. 뭉쳐 핀 꽃은 더없이 아름다웠습니다. 길쭉한 건 촛대승마, 그보다 짧으면 노루삼으로 기억하면 틀림없습니다.

노루삼 사진을 찍을 때 염두에 둔 건 배경입니다. 하얀색 꽃이 가장 잘 도드라지게끔 되도록 어두운 배경을 찾았습니다. 솜사탕이 밤에 더 화려하게 보이는 원리입니다. 어두움이 밝음을 더 밝게 만들어 주는 겁니다. 이러한 원리로 어둑한 숲에서 하얀 꽃이 호롱불 밝힌 듯 보이는 겁니다.

노루삼

◎ 분류: 미나리아재비과
◎ 서식지: 전국 깊은 산지

꽃 이름에 노루가 들어간 종류가 많다. 노루귀, 노루오줌, 노루발, 매화노루발 등. 그중 가장 귀하고 만나기 어려운 꽃이 노루삼이다. 키는 60~70센티미터로 큰 편이나 서식지가 많지 않은데다 꽃이 눈에 잘 띄지 않고 나무그늘에서 살기 때문이다. 깊은 산길을 걷다 노루삼을 만나면 크게 기뻐해도 좋다.

함께 보면 좋은 꽃

촛대승마
노루삼과 꽃이 비슷하나
좁고 길다.
9월에 꽃이 핀다.

노루오줌
전국 산지 어디에서나
만날 수 있으며
뿌리에서 오줌 냄새가 난다.

*

귀하고 귀하고 귀하도다

우리 꽃 중에서 가장 귀한 꽃을 꼽으라면 단연 광릉요강꽃입니다. 환경부 지정 멸종위기 1급 식물일 정도이니까요. 오죽하면 몇 해 전 조 작가가 산에서 광릉요강꽃을 발견하고 덩실덩실 춤을 추었다고 했습니다. "전생에 무슨 복이 많아서 이리 내 앞에 나타났을꼬" 하면서요.

조 작가가 광릉요강꽃을 만나러 가자고 했습니다. 강원도 화천 비수구미라는 곳에서 증식에 성공하여 보존하고 있다고 하더군요. 더구나 그 귀한 꽃이 1,000여 촉이나 있답니다. 두말 않고 비수구미로 달려갔습니다. 보고서는 말문이 막혔습니다. 까늠나사꾸이 일제히 꽃을 피운 채 숲에 든 햇살을 받고 있었습니다.

사람과 짐승이 접근하지 못하게 철책으로 막았지만 그 사이로 보이는 풍경만으로도 놀라웠습니다. 증식에 성공한 당사자는 마을 이장이신 장윤일 선생입니다. 우리는 그에 얽힌 사연을 들어보기 위해 선생을 기다리기로 했습니다. 무엇보다 꽃을 좀 더 가까이서 보려면 그분이 문을 열어줘야 했습니다. 그만큼 소중하게 보호하고 있었죠.

　"거의 35년 전 일이죠. 여기 '평화의 댐'을 만들 때 산으로 길을 닦았습니다. 공사 현장에서 기름 배달을 해달라고 해서 경운기를 몰고 올라가는데 거기서 꽃을 봤습니다. 잎도 처음 보고 꽃도 처음 보는 것이었죠. 일을 마치고 내려오다가 산사태 난 곳에 매달려 있는 꽃을 다시 봤습니다. '이거 떨어지면 죽겠구나' 싶더군요. 내가 가져가서 한번 살려봐야겠다고 생각했습니다. 그만큼 신기하게 생겼거든요. 대여섯 촉을 가지고 와서 심었습니다. 그런데 6~7년 동안 하나도 안 늘고 그대로 있더라고요. 이건 안 되는가 보다 했는데, 한 10년이 되니까 늘기 시작했습니다. 그렇게 35년간 마음 주고 신경 썼더니, 지금 900촉 정도가 꽃을 피웠습니다. 꽃 안 핀 것까지 세면 3,000촉 정도 될 겁니다."

　광릉요강꽃은 1991년 경기도 광릉에서 처음 발견되었습니다. 그래서 이름 앞에 광릉이 붙고 주머니처럼 생긴 꽃 모양이

요강을 닮아서 광릉요강꽃입니다. 뿌리에서 지린내가 나기도 한다더군요. 2010년 국립식물원에서 획인한 게 전국에 얼추 400주라고 합니다. 워낙 귀하니 남획되고 게다가 번식이 워낙 어렵습니다. 이러니 야생에서는 더 이상 번식이 어려울 거라고 합니다. 이렇듯 번식이 어려운 이유를 조 작가가 설명했습니다.

"광릉요강꽃이 생존 전략을 잘못 세운 겁니다. 종족 번식 방식에서 최악의 선택을 했죠. 보통 꽃은 벌이나 나비가 날아서 쉽게 꿀을 빨게끔 되어 있습니다. 그런데 애들은 곤충이 겨우 구멍으로 들어가게끔 해서 위로 빠져나올 수 있게 되어 있어요. 그런데 입출구가 너무 작아서 나비 같은 큰 곤충들이 못 들어가요. 심지어 타화번식을 해요. 곤충이 겨우 구멍으로 득어가서 힘늘게 빠져나온 뒤에노 다 른 꽃으노 옮겨 가야 수정이 되는

▲ 야생의 광릉요강꽃: 야생에서 만난 꽃은 기분이 또 다르다. (사진 조영학)

겁니다. 게다가 난초류가 대개 그렇듯, 수정과 발아에도 균류의 도움이 있어야 해요. 이러니 발아율이 2퍼센트 정도밖에 안 되는 겁니다.”

조 작가가 설명하는 중에 곤충 하나가 광릉요강꽃 위쪽 구멍으로 빠져나왔습니다. 조 작가가 그 광경을 보고 쾌재를 불렀습니다. 정말 귀한 광경을 본 것이라면서요.

사실 나도 매우 놀랐습니다. 조 작가의 설명에 의하면, 산과 들에서 광릉요강꽃을 만나 혹하여 집에 가져가도 절대 살릴

수 없다고 합니다. 우선 환경이 맞아야 하고, 다음으로 광릉요
강꽃을 살릴 균이 맞아야 합니다. 두 조건을 충족해도 발아율은
고작 2퍼센트입니다. 게다가 발아되어 튼 싹이 꽃을 피우는 데
걸리는 시간이 무려 7년입니다. 이러니 자연에 그냥 두는 게 그
들을 보호하는 겁니다. 행여나 보신다면 곱게 사진으로만 담아
오시고 손끝 하나 대지 마셔야 합니다. 우리 꽃 중의 꽃을 오래
도록 보려면요.

광릉요강꽃

◎ 분류· 난초과
◎ 서식지: 전국 산지

몇 해 전 경기도 어느 산에 오르다 우연히 광릉요강꽃을 만났다.
들꽃이 좋아 쫓아다닌 지 10년 이상이지만 그때가 최고 감동의
순간이었다. 광릉요강꽃은 그만큼 귀한 꽃이다. 야생에서라면
전국에 불과 500촉도 되지 않는다는 꽃. 꽃도 잎도 크고 귀하게
생긴 꽃. 보기 귀해서만 귀한 꽃이 아니다.

광릉요강꽃만큼이나
귀하디귀한

2004년 6월 말 백두산에 올랐습니다. 오르다 복주머니처럼 생긴 분홍 꽃 천지를 만났습니다. 분홍 꽃에 호피 문양의 하얀 점들이 박혀 있었습니다. 이름이 털개불알꽃이라 했습니다. 이름을 듣고 한참 웃었습니다. 하필이면 이름을 개불알이라고 했을까요. 아마도 꽃 모양이 그것과 흡사했나 봅니다.

이후 16년 만에 털개불알꽃과 무척 흡사한 꽃을 태백에서 만났습니다. 분홍 꽃 여남은 송이가 펴 있었습니다. 분명 백두산에서 봤던 꽃과 비슷한데 이름이 복주머니란이라 했습니다. 나중에 알고 보니 개불알꽃인데 이름이 하도 거시기하다 하여 복주머니란으로 바꿨답니다. 그러고 보니 복주머니처럼 생겼습니다. 색과 모양이 곱디고운 분홍 복주머니입니다. 심지어

꽃말이 '튀는 아름다움'이라
합니다. 게다가 영어 이름은
'숙녀의 슬리퍼Big-flower lady's
slipper'인데, 꽃잎이 비너스의
신발 모양이라서 그렇답니다.

이름에서 알 수 있듯 난초
과입니다. 아마도 꽃은 난초
과 꽃 중 으뜸일 겁니다. 꽃 크
기가 작은 복숭아만 합니다.
곤충이 꽃술로 드나들 수 있
는 구멍은 정갈한 화장실 좌
변기 같습니다. 마침 곤충들
이 쉼 없이 드나듭니다. 적어

▼ 흰색 복주머니란: 몇 해 전 일본
레분섬에서 야생의 꽃을 만났다.

도 광릉요강꽃보다 손쉽게 곤
충이 드나듭니다. 비라도 내
릴작시면 꽃잎이 우산처럼 입구를 보호합니다. 요모조모 봐도
봐도 매력이 넘칩니다.

이 친구들 사진 찍는 일은 그다지 어렵지 않습니다. 워낙 화
려하고 이쁘니 빠져나 아나나 이미요 게 없습니다 결국 관건은
발견하는 겁니다만, 야생에서 보는 일이 하늘의 별 따기입니다.

하도 고우니 남획된 탓이죠.

꽃 사진을 찍는 사람들에게 나름의 불문율이 있습니다. 멸종 위기종인 식물의 장소를 공개하지 않는 겁니다. 나아가 식물의 자리 또한 묻지 않고요. 이 불문율을 지키다 보면 언젠가 야생에서도 이 친구들을 흔하게 볼 수 있는 날이 오지 않을까요!

복주머니란

◎ 분류: 난초과
◎ 서식지: 전국 산지

서식지가 전국 산지라지만 광릉요강꽃만큼이나 보기 어려운 꽃이다. 번식이 어려운 데다 남획까지 심한 탓이나. 모양, 구조 등 여러 가지 면에서 광릉요강꽃과 닮았으며, 묘한 생김새 때문에 개불알꽃이라고도 부른다.

나도옥잠화

옥잠화보다 더 아름답게

5월의 설악산에서 본 꽃 중 고고하기로 따지면 나도옥잠화도 빠지지 않습니다. 무슨 꽃인지 이름도 모른 채 처음 맞닥뜨렸을 때 입이 다물어지지 않았습니다. 설악의 숲에 홀로 덩그렇습니다. 덩그런데 짙푸른 잎은 도도했으며, 잎에서 한껏 밀어 올린 순백의 꽃은 청초하기 그지없었습니다. 한참 바라보다가 홀로 앞서가 있는 조 작가를 불렀습니다. 되돌아온 조 작가가 환호성을 질렀습니다.

"나도옥잠화예요. 이게 놀랍게도 지금 폈네요. 더 기다려야 할 줄 알았는데… 옥잠화와 모습이 비슷하다 하여 나도옥잠화 반 세네게 보기이요. 입하는 꼳봉오리가 옥잠玉簪, 즉 비녀같이 생겨서 옥잠화입니다."

설명을 듣고 보니 나도옥잠화가 좀 억울할 것 같습니다. 옥잠화와 비슷하다 하여, 닮았다 하여 붙인 접두사 '나도'인데, 나도옥잠화엔 전혀 어울리지 않습니다. 아마도 '나도'가 붙은 꽃 중 가장 어울리지 않는 꽃일 겁니다. 옥잠화보다 한결 더 고우니 그렇습니다. 그러니 나 홀로 '더 옥잠화'라고 이름을 바꾸고 싶은 마음이 듭니다.

이 친구 사진 찍는 일은 그리 어렵지 않습니다. 생김만으로도 더할 나위 없는 모델이니까요. 산을 오를수록 더 많은 나도옥잠화가 나타났습니다. 그러다 재미있는 친구를 만났습니다. 거의 중천인 하늘의 해를 온몸으로 받는 친구였습니다. 그 빛 때문에 잎이 꽃 그림자를 품고 있습니다. 꽃과 잎과 그림자가 한데 어울린 나도옥잠화, 보면 볼수록 '더 옥잠화'입니다.

나도옥잠화

◎ 분류: 백합과
◎ 서식지: 깊은 산지

깊은 산 나무 그늘에서 자라는데 볼수록 고혹한 매력이 있다. 식물 이름에 '나도', '너도'가 들어간 종류는 전혀 다른 가족이면서도 모양이 비슷하다는 뜻이다. 우리나라 식물에 '나도'가 붙은 경우는 32종, '너도'는 4종이라고 한다. 나도옥잠화는 그중에서도 제일 만나기 어려운 꽃에 속한다.

이름보다 꽃

조 작가가 기생꽃에 대해 꼭 할 이야기가 있다고 했습니다. 심지어 설악솜다리를 찾으며 지친 가운데서도 기생꽃이 있나 훑었습니다. 그렇게 기생꽃 자생지를 샅샅이 둘러봤지만 때가 일러 결국 못 찾았습니다.

이후 태백산에서 기생꽃을 만났습니다. 손톱만 한 꽃인데 꽃술이 무척 아름다웠습니다. 잎도 방향에 따라선 춤추는 모양새로 보입니다. 이래서 조 작가가 기생꽃을 오매불망했나 봅니다.

"귀한 꽃입니다. 멸종위기종이기도 하고요. 얘가 빙하기 때 한반도로 내려왔다고 합니다. 온도가 높으면 살 수 없다는 뜻이죠. 그러니 높은 산에만 사는 거죠. 지구온난화가 계속되며 가장 먼저 멸종할 친구입니다.

　그리고 이름이 기생꽃인 건 기생 머리에 묶는 장신구를 닮았다고 해서 그렇습니다. 사실 얘네 이름이 아직도 확실하지 않아요. 어떤 사람은 참기생꽃이라 하고 어떤 사람은 기생꽃이라 하죠. 내 생각이지만 이름을 아예 바꾸었으면 좋겠어요. 기생이란 이름이 좋은 의미는 아니잖아요. 기생이라 이름 붙은 꽃이 우리나라에 셋 있어요. 기생여뀌, 기생꽃, 기생초예요. 그리고 며느리밑씻개라는 것도 고부간의 나쁜 감정을 꽃에다가 의인화한 거잖아요. 여성비하적이죠. 굳이 분류학적으로만 따지지 말고 아늠하님 미니께 칸히는꽃, 이런 식으로 바꾸면 좋겠습니다."

　듣고 보니 일리 있습니다. 최근에 금강애기나리도 금강죽대

아재비로 바뀌고 닻꽃도 참닻꽃으로 이름이 바뀌었으니 못 바꿀 것도 없지 않을까요?

꽃을 더 찬찬히 살펴봤습니다. 꽃술이 일곱 개입니다. 게다가 통꽃이지만 꽃잎도 일곱 개, 뒤에 꽃받침도 일곱 개입니다. 모두 행운의 숫자 7입니다. 행운의 숫자 7이 셋이니 '행운꽃'이라 해도 좋을 듯합니다. 어찌 되었든 기생꽃, 참기생꽃 논란이 있는 긴 사실입니다. 그만큼 곱기에 논란이 있겠죠. 고운 만큼 어울리는 이름이 있었으면 하는 게 조 작가의 바람인 겁니다.

기생꽃

◎ 분류: 앵초과
◎ 서식지: 강원도 북부, 지리산, 가야산

전 세계로 보면 흔한 꽃이지만 우리나라에서는 멸종위기종이다. 북방계열이기 때문에 남획보다는 온난화가 멸종위기의 직접적인 원인으로 보인다. 시대의 흐름에 맞게 이름을 바꿨으면 하는 꽃이다.

귀부인의 품격을 닮은 꽃

"귀족의 품격이 느껴지지 않으십니까?"

설악산에서 만난 연영초를 두고 조 작가가 한 말입니다. 그러고 보니 옷깃을 한껏 세워 올린 귀부인의 자태 같습니다. 더구나 바람 드센 능선에 군락을 이루었는데도 자태가 한치도 흐트러짐 없습니다.

이름 연영초延齡草를 풀이하면 수명을 연장해주는 풀이란 의미입니다. 과연 수명을 연장해줄까요? 믿거나 말거나입니다.

재미있게도 이 친구 학명이 'Trillium kamtschaticum Pall. ex Pursh'입니다. 여기서 트릴리움Trillium은 숫자 3이라는 뜻의 그리스어 트라이스trics에서 유래했습니다. 꽃의 생김을 보면 줄기 끝에 잎이 세 장, 꽃잎도 세 장, 암술대 끝이 세 개도 살라져 있

습니다. 수술은 3의 배수인 여섯 개이고요. 3으로 이루어진 생김새 때문에 학명이 트릴리움인 겁니다.

사진 찍으며 이 점에 주목했습니다. 줄기 끝 잎, 꽃잎, 꽃술이 잘 보이면서 귀족의 품격이 느껴지는 앵글을 찾았습니다. 게다가 귀족의 과장된 치마를 연상케 하는 아래 잎까지 앵글에 넣었습니다.

이렇게 다 넣고 보니 배경이 꽤 넓어져 꽃에 시선이 잘 가지 않습니다. 꽃에 단박에 시선이 가게끔 앞에 나무 실루엣을 걸쳤습니다. 이는 넓은 배경을 가려주며 자연스레 꽃으로 시선을 유도합니다. 영화나 드라마에서 두 사람이 마주할 때, 한 사람의 어깨너머로 등장인물의 표정을 보여주는 장면을 보셨을 겁니다. 이러면 자연스레 이 등장인물에 시선이 집중됩니다. 이 원리와 마찬가지입니다. 나무 실루엣을 앞에 걸쳐 꽃에 시선이 가게끔 했습니다. 어떤가요? 귀족의 품격을 가진 연영초로 시선이 가나요?

연영초

◎ 분류: 백합과

◎ 서식지: 전국의 고산

꽃잎이 특이하게 세 조각이다. 야생화 중에 꽃잎이 세 개인 꽃이
또 있을까? 볼수록 신기하다. 울릉도에 큰연영초가 살고 있지만
모양이나 크기가 큰 차이가 없다. 연영초는 수명을 연장한다는
뜻이나 실제로는 독성이 강하다. 향기가 좋으며 높은 산에서만
살기에 만나기 쉽지 않다.

설악의 꽃

"설악의 꽃 중 으뜸이니 꼭 한 번은 설악솜다리를 봐야 합니다."

조 작가가 설악산으로 가자며 한 말입니다. 오래전부터 '한국의 에델바이스'라 불린다는 얘기를 주위들은 바 있습니다. 영화 〈사운드 오브 뮤직〉의 노래 〈에델바이스〉를 들으며 꽤 궁금했던 꽃이기도 하고요.

첫날은 장수대에서 출발하여 대승령 부근을 훑었습니다만, 못 찾은 채 산에서 내려왔습니다. 이튿날은 한계령에서 귀때기청봉을 거쳐 대승령으로 내려오는 코스를 택했습니다. 이른바 설악산 서북 능선입니다. 그런데 귀때기청봉으로 가는 길이 만만치 않습니다. 무려 네댓 개 돌무더기 너덜지대를 통과해야 했습니다. 꼭 한 번은 봐야 한다는 꽃이라지만, 땡볕 아래 돌밭을

오르니 자연스레 후회가 밀려왔습니다. 꽃 하나 보려 험하디 험한 산을 오르다니, 스스로 미쳤다는 소리가 절로 나옵니다.

겨우 귀때기청봉에 올랐습니다. 놀랍게도 1,578미터 귀때기청봉 부근에 온통 분홍빛이 아롱거립니다. 바로 털진달래 군락입니다. 하늘 아래 첫 꽃밭이니 장관이 따로 없습니다. 설악솜다리는 눈 씻고 봐도 없습니다. 사실 설악솜다리는 1,400미터 고지 이상에서만 산다는데 여기서도 보이지 않습니다.

귀때기청봉을 지나 대승령으로 가는 길에 또 다른 너덜지대가 나타납니다. 숨이 턱까지 차오를 즈음, 마침 이 코스를 자주 다니는 사람을 만나 설악솜다리를 본 적 있는지 물었습니다. 복받은 사람만 볼 수 있는 꽃이라 들었으며 당신은 못 봤다고 합니다. 순간, 다리에 맥이 풀렸습니다.

그래도 가야 할 길이니 터덜터덜 걸었습니다. 설악솜다리는 아직 피지 않았을 것이라 자위하며 찾기를 포기했습니다. 커다란 바위 지대를 지나치며 무심코 뒤돌아봤습니다. 지나온 바위 중턱에 하얀 솜털이 슬쩍 비칩니다. 그 솜털만으로도 전율이 일었습니다. 그토록 오매불망하던 설악솜다리였습니다.

낮은 채도의 녹색 설악솜다리가 잿빛 바위에 붙어 있으니 쉽사리 눈에 띄지 않습니다. 보일 듯 말 듯 비쳤던 바로 그 솜털 덕에 알아챘습니다. 무려 7시간 만에 찾았으니 꽌호ᄉ성이 ᄲᆯᄆ

납니다.

찾긴 찾았으나 핸드폰으로 사진 찍는 일이 난감합니다. 사람의 손길이 닿지 않는 높은 데 자리 잡았습니다. 게다가 꽃이 핀 친구들은 바위 뒤쪽에 있습니다. 눈으로만 보기도 쉽지 않지만 어떻게든 사진을 찍어야 합니다. 해결사인 셀카봉을 꺼냈습니다. 제 눈엔 제대로 보이지 않지만, 셀카봉에 장착된 핸드폰 카메라 렌즈는 꽃을 볼 수 있습니다.

핸드폰 카메라를 적당히 세팅해서 바위 뒤쪽으로 핸드폰을 밀어 넣었습니다. 아무리 보이지 않더라도 꽃술이 또렷한 사진을 찍는 게 목표입니다. 예까지 와 발견했으니 어떻게든 제대로 찍어야죠. 수동으로 포커스를 지정한 후, 꽃으로 조금씩 다가가며 한 장씩 찍습니다. 눈으로 보이지 않으니 제대로 된 사진 한 장만 건지자는 전략입니다. 다행히 여러 장 중 꽃술이 선명한 사진 하나 건졌습니다. 어렵사리 한 장 건지고 바위 아래로 내려가 뒤쪽으로 돌아갔습니다. 다행히 다른 꽃들이 여럿 있었습니다. 하나같이 손이 닿지 않는 곳에 있습니다.

셀카봉을 밀어 올렸습니다. 수동 포커스로 최단거리에 지정해놓고, 포커스가 맞는 부분에 녹색 피킹이 되게끔 설정했습니다. 두어 발짝 뒤, 핸드폰 화면이 보이는 곳에 서 있는 조 작가에게 꽃이 녹색으로 무히면 알려달라고 했습니다. 조 찍사이 신

호에 맞춰 셀카봉 스위치를 눌렀습니다. 찍힌 사진을 확인해 보
니 완벽한 협업이었습니다. 하얀 솜털 보송보송한 설악솜다리
가 그렇게 사진에 담겼습니다.

　바위에 붙어 이슬 먹고 사는 이 친구들은 멸종위기종입니다.
이 친구들이 멸종위기종이 된 사연을 조 작가가 설명했습니다.

　"오래전에 에델바이스라고 해서 이 꽃을 압화로 만들어 수학
여행 온 학생에게 팔기도 했습니다. 그래서 멸종위기종을 더 멸
종위기로 몰아간 거죠. 정확하게 에델바이스와 같은 종은 아니

에요. 오히려 에델바이스와 비슷한 것은 설악솜다리보다 왜솜다리입니다. 에델바이스와 비슷하니까 우리나라에서 에델바이스, 에델바이스 하는데 설악솜다리는 분명한 우리나라 토종이에요."

조 작가의 이야기를 듣고 나니 또 다른 욕심이 일었습니다. 카메라가 아닌 제 눈으로 설악솜다리를 직접 보고 싶은 욕심입니다. 바위 꼭대기에 올라갔습니다. 엎드려 조심조심 나아가 내려다보았습니다. 꽃이 핀 친구가 보였습니다. 완전히 만개하지 않았지만, 노란 꽃 서넛을 피워 올린 친구입니다.

보는 것만으로 설레는 노랑이 선명했습니다. 제 눈으로 보니 왜 사람들이 '한국의 에델바이스'라고 하는지 알 듯했습니다. 왜 사람들이 설악의 꽃 중 으뜸이라 하는지 알 듯했습니다. 왜 사람들이 이 꽃 하나 보려 설악산에 오르는지 알 듯했습니다. 그 누가 뭐래도 설악의 꽃 중 으뜸은 설악솜다리입니다.

설악솜다리

◎ 분류: 국화과

◎ 서식지: 설악산 고지

국가생물종지식정보시스템에 아직 반영이 안 된 탓에 솜다리, 산솜다리 등 부르는 이름이 많지만 설악솜다리가 맞다. 에델바이스와 비슷하게 생겼다는 이유로 한때 수난을 받기도 했다. 꽃잎은 가운데에서 노란 빛을 띠며 꽃잎처럼 보이는 것은 솜털로 가득한 잎이다. 왜솜다리는 키가 조금 더 크고 잎의 크기가 일정하지 않다.

함께 보면 좋은 꽃

왜솜다리
소백산, 대야산 등에 살며 8월에 꽃이 핀다.

딸랑딸랑
영롱한 종소리

눈 마주치면 도저히 그냥 지나칠 수 없는 게 은방울꽃입니다. 보는 순간 빠지기 십상입니다. 새끼손톱만 한 하얀 꽃이 줄지어 조롱조롱 달렸습니다. 유치원생들이 아장아장 줄지어 걷듯 그렇게 꽃이 달렸습니다. 꽃잎의 끝이 고데기로 만 머리카락처럼 바깥으로 살짝 말렸는데, 모양이 영락없는 종입니다. 바람이라도 불작시면 소리까지 날 듯합니다. 이렇듯 소리가 날 듯하니 은방울이라 이름 지었을 터입니다.

　은방울꽃을 오월화라 하기도 합니다. 5월에 피는 온갖 화려한 꽃을 제치고 요 조그만 꽃이 오월화인 겁니다. 간밤에 슬쩍 흩뿌렸던 비 그친 아침에 은방울꽃을 만났습니다. 함초롬히 젖은 채였습니다, 꽃이 땅바닥에 닿을 듯 줄기가 처졌습니다.

원래 은방울꽃은 땅을 보고 있습니다. 혹여나 꽃술이 비에 젖을까 하여 늘 수그린 친구입니다. 그런데 비에 젖기까지 하니 수그려도 너무 수그려 얼굴이 도통 안 보입니다. 젖은 땅에 무릎을 대고 엎드려도 사진 찍기가 만만치 않습니다.

별 소득 없이 애만 태우던 차에 재미있는 친구를 찾았습니다. 이파리가 우산처럼 꽃을 보호하고 있습니다. 꽃잎은 수술을 보호하느라 늘 고개를 수그렸고 잎은 꽃잎을 보호하느라 비가림막이 된 겁니다. 같은 꽃이라도 이렇듯 품은 이야기가 재미있는 친구들이 있습니다.

오늘날 우리는 사진으로 소통합니다. 사진은 그 자체로 이야기가 됩니다. 재미있는 이야기가 소통의 구심점이 되듯, 재미있는 사진 또한 소통의 구심점이 됩니다. 꽃을 우산처럼 보호하는 잎 덕분에 이야기가 있는 사진을 찍게 된 겁니다.

이 잎 때문에 웃지 못할 이야기도 있습니다. 오래전에 은방울꽃을 두고 '화냥년속고쟁이가랑이꽃'이라 했다고 합니다. 양쪽으로 벌린 잎이 속고쟁이를 닮았나 봅니다. 아무리 그래도 이름이 너무하죠? 꽃이 고운 데다 향기마저 싱그럽습니다. 그래서 고급 향수의 원료로까지 쓰입니다. 가당치 않은 이름은 잊고, 5월이면 오월화 은방울꽃을 찾아 온 숲에 울려 퍼지는 싱그니큐 은방울 꽃향기에 취해 보십시오.

은방울꽃

◎ 분류: 백합과
◎ 서식지: 전국 산지

은방울을 닮아 은방울꽃이 아니라 은방울꽃을 본떠 은방울을 만들었다. 종을 닮은 꽃 중에서 제일 작고 제일 앙증맞고 제일 귀엽다. 잎이 산마늘을 닮아 종종 욕심을 내는 사람들이 있는데 은방울꽃은 맹독성이라 자칫 큰 사고를 당할 수 있다. 야생화는 눈으로 보고 마음에 간직하고 사진으로만 담아 올 일이다.

함께 보면 좋은 꽃

산마늘
잎이 비슷하지만
좀 더 좁다.

용둥굴레
둥굴레보다 꽃이 크고
갓을 썼다.

큰꽃으아리

보름달같이 풍성한 꽃

"은대난초 폈을 거 같으니 천마산으로 오세요. 은대난초를 보고 난 후 화천으로 광릉요강꽃 보러 갑시다."

5월 중순에 드니 봐야 할 꽃이 수두룩합니다. 하루에 휘리릭 돌고 오기에 벅찬 거리이지만, 시기를 놓치면 다시 볼 수 없습니다. 그러니 조 작가의 명령 같은 요청에 군말 않고 나섰습니다.

산을 오르는 조 작가의 걸음이 여느 때보다 빠릅니다. 천마산이야 그의 터전이니 언제 어디에 어느 꽃이 피는지에 대해 훤합니다. 그러니 그의 발길만 좇으면 떡하니 꽃이 나타납니다. 그런데 이날은 달랐습니다.

찾으려는 은대난초는 좀처럼 나타나지 않습니다. 여느 때의

196

달리 꽃이 늦은 겁니다. 봄 기온이 따뜻하니 다른 꽃은 여느 때보다 대체로 빠른데, 하필 은대난초만 여태 피지 않은 겁니다. 겨우 꽃봉오리 살짝 내민 한 친구만 찾았습니다. 어쩔 수 없이 발길을 돌리려는 즈음, 어둑한 숲속에서 손바닥만 한 꽃이 보였습니다. 언뜻 보니 햇살이 든 큰 꽃이 온 숲을 밝히는 꽃등 같습니다. 자세히 보니 화훼농장 담벼락에서 봤던 클레마티스Clematis와 닮았습니다. 조 작가가 이름이 '큰꽃으아리'라 일러주며 꽃에 얽힌 이야기를 들려줬습니다.

"야생화 큰꽃으아리의 원예종이 클레마티스예요. 우리나라에서 자생하는 클레마티스속에는 으아리와 사위질빵이 있는데요. 두 식물엔 사위와 장모에 관한 재미있는 이야기가 있어요. 옛날에 사위를 무척 아끼는 장모가 지게의 질빵을 사위질빵 덩굴로 엮어줬답니다. 사위질빵은 워낙 약한 덩굴이라 금세 끊어져요. 사위에게 무거운 짐을 지지 않게 하려는 장모의 마음이었던 거죠. 그래서 이름이 사위질빵이고요. 으아리는, 사위 사랑이 남달랐던 장모가 쉽게 끊어지는 덩굴인 줄 알고 지게의 질빵을 끈으로 만들었는데 덩굴이 끊어지지 않아 '으아' 하며 놀래서 으아리라고 했다네요."

장모의 사위 사랑 이야기가 담긴 꽃이 으아리와 사위질빵입니다. 큰꽃으아리와 으아리는 같은 속이지만 꽃은 아주 다릅니다. 꽃 크기가 큰꽃으아리는 10~15센티미터, 으아리의 꽃은 2센티미터 정도입니다. 시기도 큰꽃으아리는 봄이지만 으아리는 5월 말경 큰꽃으아리가 진 후, 사위질빵은 7월 이후에나 핍니다. 한여름 담벼락이나 나무를 타고 올라서 하얀 나비 같은 꽃이 지천

으로 하늘거리면 사위질빵이라 보시면 됩니다.

　사진 찍으며 큰꽃으아리 꽃잎을 세어보니 여덟 장입니다. 식물의 꽃잎 수에는 피보나치 수열이 있다고 합니다. 1, 2, 3, 5, 8처럼 꽃잎 수가 수열을 이룬다는군요. 수열엔 규칙이 없는 것 같지만, 두 수의 합이 다음 수가 되는 겁니다. 물론 예외는 있습니다만, 큰꽃으아리 꽃잎이 마침 여덟 장입니다. 꽃잎이 도드라지게끔 위에서 아래로 앵글을 잡았습니다.

　참! 큰꽃으아리 꽃잎도 꽃잎이 아닙니다. 꽃받침 조각이 꽃잎처럼 진화한 겁니다. 긴 꽃받침 조각이 곤충들에겐 공항 활주로지 별 뾰족한 게 아니니, 침꽃이 꽃술에 도달하게끔 유도하는 활주로인 겁니다.

속명 클레마티스엔 '마음이 아름답다'라는 의미가 담겨 있습니다. 곤충에게 온몸으로 꿀을 내어주기에 큰꽃으아리 꽃받침 잎이 이내 너덜너덜해진다고 하네요. 그래서 '마음이 아름답다'는 클레마티스를 이름으로 한 건가 봅니다.

큰꽃으아리

◎ 분류: 미나리아재비과
◎ 서식지: 전국 산지

꽃이 10~15센티미터 크기로, 우리나라 야생화 중에서는 제일 큰 편에 속한다. 미색의 꽃잎은 바람꽃 종류처럼 꽃받침이 변한 것으로 곤충들이 좋아해 성한 꽃을 보기가 쉽지 않다. 온갖 색이 원예품종이 개발뇌어 판매되지만 원예품종은 클레마티스라고 달리 불러야 한다.

함께 보면 좋은 꽃

으아리
산, 들판 어디에서나 쉽게 만난다.
큰꽃으아리보다 꽃이 작다.
8월에 꽃이 피고 꽃빛은 내나서 싫다.

사위질빵
으아리와 비슷하지만
꽃술이 길고 위·아래까지.
7월 상순쯤 개화한다

매화처럼 아름답게

우리 산과 들에 참 독특한 꽃이 많기도 합니다. 만나는 꽃마다 어쩌면 그리 신비할까요! 개중에 매화노루발은 신비하기로는 둘째가라면 서운할 것입니다. 생김새도 그렇거니와 이름도 그 러합니다.

안면도 소나무 숲에서 만났습니다. 빼곡한 소나무 숲 바닥엔 솔갈비가 수북합니다. 조 작가가 "이런 소나무 숲에는 진달래 밖에 안 핀다"라는 얘기가 있을 정도라고 했습니다. 그만큼 소 나무 아래 솔갈비 수북한 데서는 무엇이든 살아내기 힘들다는 의미일 테죠. 그런데 매화노루발은 이처럼 살아내기 힘든 솔갈 비 군세게 뚫을 피웠습니다.

놀랍게도 여기 솔밭엔 노루발도 함께 꽃을 피웠습니다. 사실

노루발은 산에서 주로 자랍니다. 그런데 특이하게도 여기 해안가 소나무 숲에서 매화노루발과 함께 터를 잡았습니다. 매화노루발과 노루발이 함께 어울려 소나무 숲에서 살아가는 모습, 그 자체가 신비입니다. 조 작가가 들려주는 매화노루발 이야기는 이러합니다.

"이 친구들 이름에 매화가 붙은 이유가 뭘까요? 사실 꽃을 보면 그다지 매화를 닮지 않았어요. 이 매화란 용어엔 예쁘다는 뜻이 담겨 있습니다. 우리 꽃 중에 가장 아름다운 물매화도 그렇고요. 그리고 이 친구들, 영어로 이름이 '윈터 그린Winter Green'입니다. 겨울에도 푸르다는 뜻이죠. 잎이 딱 이 색 그대로 겨울을 나요. 그래서 이름이 '윈터 그린'이에요."

매화노루발 꽃이 유난히 아름다우니 손 타는 경우가 많습니다. 그래서 조 작가가 특별히 당부했습니다.

"꽃이 그냥 꽃만 있는 게 아니라 적절한 온도, 빛, 바람, 고도 등이 하나로 조화를 이루어야 사는 애들입니다. 게다가 뿌리를 도와주는 박테리아와 균이 있어야 살아갈 수 있습니다. 귀한 야생화일수록 딴 데 가면 못 삽니다. 아무리 캐 가야 키우기 쉽지 않습니다. '꽃을 하나 꺾어 가면 그게 멸종의 시작이다', 이렇게 생각하면 좋겠어요."

그렇습니다. 산과 들에서 사니 야생화입니다. 산과 들에서 벗

어나면 야생화가 아닌 거죠.

　여기를 찾는 애호가들을 살펴보니 대체로 DSLR 카메라에 망원렌즈를 사용합니다. 이는 빼곡한 소나무 탓에 어지러운 배경을 아웃포커스할 요량인 겁니다. 배경이 희미해지면 꽃이 도드라지게 마련입니다. 와이드렌즈인 핸드폰으로는 언감생심입니다만, 상황을 잘 이용하면 그에 못지않은 사진을 찍을 수 있습니다.

　먼저 역광으로 꽃과 마주합니다. 수동 모드로 포커스를 최단거리에 설정한 후, 꽃에 맞춥니다. 그러면 소나무 숲을 비집고 들어온 빛이 빛 망울로 배경에 맺히게 됩니다. 이 빛 망울을 보케Bokeh라고 합니다. 보케를 잘 활용하면 분위기를 몽환적으로 만들 수 있습니다.

또 다른 방법은 노출조절법입니다. 역광이 꽃에 강하게 닿을 때 보케를 만드는 데만 집중하면 하얀색 꽃의 질감이 사라져 버리게 됩니다. 이럴 땐 노출 조절바를 움직여 노출을 다소 어둡게 조절하는 게 낫습니다. 이러면 우선 꽃의 실감이 살아납니다. 아울러 배경이 되는 숲은 상대적으로 어두워집니다. 어두워진 배경에 홀로 빛을 받은 매화노루발이 주인공인 사진을 얻게 됩니다.

매화노루발

◎ 분류: 진달래과
◎ 서식지: 해안 솔밭

키가 10센티미터 정도이다. 여러모로 노루발과 비슷하나 노루발과 달리 줄기에서 잎이 난다. 열매가 하늘을 향해 맺는 것도 노루발과는 차이가 있다. 영어 이름 '윈터 그린'에서 보듯 겨울에도 잎이 녹색이라 여름보다 찾기 쉽다. 겨울에 잎을 봐두고 6월 초에 찾아보는 것도 요령이다.

함께 보면 좋은 꽃

노루발
전국 산지에 살며, 잎이 뿌리에서 나온다.

동양화를 닮은 꽃

붓꽃만큼 자주 볼 수 있는 꽃도 드뭅니다. 5월이면 전구의 공원이나 관공서 화단에서 고운 자태를 뽐내는 친구들입니다. 꽃이 워낙 고우니 원예종으로 빠지지 않습니다.

이름이 붓꽃인 이유는 꽃봉오리가 붓 모양이라서 그렇습니다. 꽃봉오리일 때 보면 영락없이 붓입니다. 학명에 들어가는 '아이리스Iris'는 그리스 신화의 무지개 여신을 뜻합니다. 꽃의 자태를 보면 가히 무지개 여신입니다.

우리나라 야생에서도 붓꽃과인 노랑무늬붓꽃, 금붓꽃, 각시붓꽃, 타래붓꽃 등을 볼 수 있습니다. 개중 노랑무늬붓꽃은 우리나라 특산입니다. 하얀 꽃잎에 노랑 무늬가 곱디고와 노랑무늬붓꽃입니다.

▲ 붓꽃

◄ 노랑무늬붓꽃

▶ 금붓꽃

◄각시붓꽃

▶ 타래붓꽃

키가 60여 센티미터인 붓꽃에 비해 노랑무늬붓꽃은 10여 센티미터에 불과할 정도로 아주 작습니다. 이 친구는 금대봉에서 만났습니다. 천상의 화원인 금대봉에 군락이 있습니다. 아쉽게도 5월 20일경 그곳을 찾았습니다만, 꽃이 하나같이 시들했습니다. 때를 놓친 겁니다. 이 친구는 꽃봉오리에서 꽃으로 활짝 피다가 고작 하루 지나 시들기 시작합니다. 이러니 고운 자태를 보기가 만만치 않습니다.

금붓꽃과 각시붓꽃은 4월 고창 선운사에서 만났습니다. 각시붓꽃은 새초롬하다 하여 각시란 이름을 가졌습니다. 이 친구들도 노랑무늬붓꽃만큼 키가 작습니다. 숲속 바닥을 훑어야 겨우 볼 수 있습니다. 금붓꽃은 이름마냥 꽃이 금빛입니다.

5월엔 안면도에서 타래붓꽃 무더기를 만났습니다. 둑길에 듬성듬성 무리 지어 핀 채였습니다. 어떤 한 무더기는 수십 개 꽃을 피우기도 했습니다. 옅은 보라색이 바닷바람에 넘실거릴 때면, 누구든 넋 놓고 그들을 바라보게 됩니다. 잎이 비틀려서 꼬였기 때문에 타래붓꽃이라 합니다. 이 잎은 여느 붓꽃과 달리 꽃보다 키가 큽니다. 그래서 특이하게도 꽃이 아니라 잎을 빗대어 이름을 타래붓꽃이라 합니다.

사실 붓꽃에 유감이 있습니다. 정확히는 붓꽃이 아니라 붓꽃을 창포의 꽃으로 오인하게 한 사람들에게 유감이 있는 겁니다. 오래전 창포 비누가 개발되어 시장에 나왔습니다. 우리 선조들이 단오에 창포로 머리를 감으며 머릿결을 유지했다는 이야기도 있으니 시장 반응이 꽤 괜찮았습니다. 그러니 광고도 대대적으로 했고요. 그런데 그 광고에 사용된 사진이 하필 붓꽃이었습니다. 이는 착오입니다. 붓꽃과 식물인 꽃창포와 엣실린 겁니

▲ 창포의 꽃: 붓꽃이나 꽃창포와는
전혀 다르게 생겼다.

다. 생김새도 비슷하니 그럴 수 있습니다. 문제는 꽃창포를 창포의 꽃으로 오해한 겁니다. 창포는 천남성과에다가 꽃도 꽃창포와 전혀 다르게 생겼습니다.

가끔 강의에서 창포 꽃과 붓꽃을 두고 창포 꽃을 고르라고 하면 너나없이 붓꽃을 고릅니다. 붓꽃을 꽃창포로, 꽃창포를 창포 꽃으로 오해하다 보니 붓꽃이 창포 꽃이 되어버렸습니다. 사진의 속성에는 정보전달 기능이 있습니다. 사진 그 자체가 정보인데, 그릇된 사진 하나로 온 국민이 그릇된 정보를 가지게 됩니다.

이 글을 쓰며 창포 비누를 다시금 검색해 보았습니다. 어김없이 붓꽃류 사진을 사용한 창포 비누가 여태도 있습니다. 우린 아직도 창포 꽃을 창포 꽃이라 알지 못하며, 붓꽃을 창포 꽃으로 오해합니다. 그 시작은 그릇된 광고 사진 한 장에서 비롯된 겁니다.

붓꽃

◎ 분류: 붓꽃과
◎ 서식지: 전국 양지바른 산야

붓꽃 가족도 다양하다. 화단에서 흔히 보는 붓꽃, 꽃창포, 아이리스도 붓꽃 가족이고, 금붓꽃, 각시붓꽃처럼 산야에서 어렵지 않게 만나는 붓꽃도 있다. 솔붓꽃, 난장이붓꽃, 노랑붓꽃, 노랑무늬붓꽃 같은 꽃들은 높은 산에서도 깊이 들어가야만 볼 수 있는 멸종위기종이다. 화단에서 키우는 붓꽃은 30~40센티미터로 크지만 그 밖의 꽃들은 기껏 10~20센티미터 정도이다. 야산에 올라 야생에서 사는 붓꽃 가족들도 찾아볼 만하다.

함께 보면 좋은 꽃

난장이붓꽃

설악산 등 높은 산지에
서 핀다. 멸종위기종이다.

꽃창포

우리나라 자생식물이다.
짙은 자주색 꽃이 피며 깊은
산속에서 핀다. 깃이 노란색이면
노랑꽃창포라고 따로 부른다.

노란 병아리를 닮은 꽃

금난초를 만나러 가는 길에 보슬비가 내리기 시작했습니다. 새우
난초, 매화마름, 옥녀꽃대를 찍는 내내 흐리더니 산길 오르자마자
부슬부슬 흩날립니다. 5월 숲을 적시는 비는 싱그러움을 더해줍
니다. 봄 가뭄에 시들하던 잎사귀가 어느새 파릇합니다. 허나 숲
이 싱그러워질수록 마음은 착잡합니다. 비 오면 대체로 꽃은 꽃잎
을 닫습니다. 이는 꽃술을 지켜야 하는 생존본능입니다.

　꽃잎 연 사진을 찍고픈 사진쟁이의 욕심과 그들의 생존본능
이 맞닥뜨리는 경계에 섰으니 마음이 조급해지게 마련입니다.
갈수록 비는 굵어지고 꽃은 뵈지 않으니 더 그렇습니다. 안 그
래도 금난초는 꽃잎을 완전히 열지 않기로 소문난 터입니다. 평
성시에도 보일 듯 말 듯 살짝 꽃잎을 열어 사람 애간장 녹이기

십상입니다. 이런 터에 비가 더 굵어지면 꽃은 잎을 완전히 닫아버릴 게 자명하니 마음이 급할 수밖에요.

금난초는 이름의 '금'에서 알 수 있듯 꽃이 노랗습니다. 대체로 이름에 금이 붙은 꽃은 황금처럼 노랗다고 보면 틀림없습니다. 그러니 노란색만 눈에 띄기를 고대하며 숲으로 난 오솔길을 걸었습니다.

길 끝에서 너른 공터와 함께 누군가의 무덤이 나타났습니다. 덩그런 무덤 앞에서 덩그런 노란 무엇을 찾았습니다. 새초롬하게 비에 젖어 금빛 고운 금난초였습니다. 아니나 다를까 꽃잎을 닫았습니다. 애써 찾았는데 꽃잎을 닫았으니 못내 아쉽습니다.

다른 금난초를 찾으려고 숲으로 더 들어갔습니다. 오래지 않아 줄지어 선 너덧 촉을 찾았습니다. 이 친구들도 꽃잎을 거의 닫았습니다. 여남은 꽃송이 중 꽃술이 보일 듯 말 듯한 친구가 있습니다. 다 보여주지 않아서 더 애간장 탑니다만, 그렇게나마 속을 들여다본 것만으로도 고마울 따름입니다.

사실 비 오는 날의 꽃 사진은 매력 있습니다. 어정쩡한 빛이 꽃과 주변을 어지럽히는 것보다 한결 낫습니다. 잎은 싱그러워지고, 꽃은 생명력이 더해져 활기차 보입니다. 몽골몽골 맺힌 물방울이 잎, 꽃과 어우러지면 더할 나위 없습니다. 핸드폰 카메라 뵈 꽂이 찟는 것쯤이야 입는 사신에 비하면 아무 것도 아닙니다.

금난초

◎ 분류: 난초과

◎ 서식지: 중부 이남 산지

키가 50센티미터 정도로 크다. 꽃대 끝에 5~10개 정도의 꽃이 모여 핀다. 이렇게 노란 꽃이 피면 금난초, 흰 꽃이 피면 은난초이다. 중부 이북에는 은난초와 비슷하나 잎이 댓잎처럼 좁게 자라는 은대난초가 있다.

함께 보면 좋은 꽃

은난초
금난초와 비슷하니
꽃이 흰색이다.
남부 지방에서 자란다.

은대난초
은난초와 비슷하지만
잎이 길고 좁다.

난초과의 얼짱

조 작가가 안면도로 새우난초를 만나러 가자고 한 때 귀를 의심했습니다. 난초를 떠올릴 때면 늘 고매함이 연상됩니다. 그런데 뜬금없이 이름에 새우가 붙으니 고매함은 온데간데없어집니다. 원래 안면도엔 예전부터 대하가 유명하지 않습니까. 그래서 새우난초라 했을까요?

가서 보니 생각보다 키가 컸습니다. 생각보다 잎이 넓었습니다. 생각보다 꽃이 화려했습니다. 그간 난초에 대해 가졌던 모든 생각이 일순에 무너졌습니다. 잎은 명이 이파리만 합니다. 꽃은 난초 꽃 여남은 개가 주렁주렁 달린 듯합니다. 청초하다기보다 화려하기 그지없습니다.

새우난 이름이 붙은 이유는 땅속 뿌리줄기 때문입니다. 험주

모양 뿌리줄기 마디마디가 새우등 같다 하여 새우난초입니다. 이름의 근원이 꽃도 아니고 잎도 아니고, 뿌리줄기였습니다.

이 친구들은 만나기가 쉽지 않은 꽃입니다. 일부러 찾아가야만 볼 수 있습니다. 조 작가의 설명에 따르면 이러합니다.

"이 친구들은 서해 남부 섬에서만 자랍니다. 동쪽에서는 안 자랍니다. 거제도, 제주도, 안면도 정도에서만 볼 수 있습니다. 그러니 일부러 찾지 않으면 좀처럼 볼 수 없습니다."

특정 지역에서만 산다는 건 그만큼 식생이 참 까다롭다는 의미입니다. 까다로운 만큼 멸종위기 식물이기도 하고요.

날씨가 꽤 흐린 날이었습니다. 숲에 빛이 들지 않으니 아주 어두웠습니다. 핸드폰 카메라를 수동으로 세팅했습니다. 셔터 스피드가 60분의 1초 정도였습니다. 사실 60분의 1초이면 핸드폰을 흔들며 사진 찍기에 그만입니다. 이를테면 화면 중 한 부분만 포커스가 맞고 나머지 부분은 빙글빙글 도는 듯한 사진을 찍기에 좋습니다. 밝은 날은 셔터 스피드가 2,000분의 1초, 심지어 4,000분의 1초까지 나옵니다. 밝을 땐 핸드폰을 흔들며 사진 찍는 일은 언감생심입니다.

핸드폰 흔들며 사진 찍기는 흐린 날이라 가능한 겁니다. 흔드는 속도와 정도에 따라 다양한 결과물이 나옵니다. 포커스가 맞는 부분이 가운데가 아니라 가장자리이기도 합니다. 결과가 아

주 드라마틱하게 나오니 다양하게 흔들며 찍는 게 좋습니다.

우선 카메라 포커스를 수동으로 맞춥니다. 손가락으로 포커스를 지그시 누릅니다. 이러면 지정된 꽃에 포커스가 맞추어집니다. 핸드폰을 양손으로 잡은 채 운전대 핸들을 재빨리 돌리듯 양방향으로 돌립니다. 돌리는 가운데 셔터를 누른 손가락을 뗍니다. 이러면 끝입니다.

어떻게 보면 사진 찍는 일도 놀이입니다. 흐리면 흐린 대로, 비 오면 비 오는 대로 나름의 멋이 있습니다. 그 상황에 맞게끔 재미있는 사진 찍기 놀이에 빠져보십시오. 사진, 그 무엇보다 재미있습니다.

새우난초

◎ 분류: 난초과
◎ 서식지: 서해 남부 섬

우리나라의 난초과 야생화가 100여 종이라지만 새우난초도 새우난초, 금새우난초, 한라새우난초, 여름새우난초, 섬새우난초 등 종류가 다양하다. 새우난초는 꽃이 두 가지 색이고 모양도 특이해서 인기가 많다. 멸종위기종으로 서해 남부 섬을 중심으로 서식한다.

함께 보면 좋은 꽃

금새우난초

새우난초와 흡사하나
꽃 색이 노랗다.

한라새우난초

새우난초와 거의 비슷하다.
제주도에서 살며 미늘복송이다

숲속의 외계인

나도수정초를 만나기 전 먼저 사진을 봤습니다. 빛을 품은 뒤 온몸으로 다시 내뿜고 있었습니다. 이름을 알고 나서야 고개가 절로 끄덕여졌습니다. '나도수정초'였습니다. 사진 속 이 친구 는 꽃인 듯 수정인 듯했습니다. 그 청초한 모습에 홀렸습니다. 그래서 이 친구를 만날 수 있는 장소를 수소문했습니다. '장소 를 공개하지 않겠다'라고 약속하면 알려주겠다는 지인이 있었 습니다. 이는 그만큼 소중히 보호해야 한다는 의미였습니다. 그 리하겠다고 약속하고서야 장소를 알 수 있었습니다.

낙엽 수북한 나도수정초 자생 숲에 들었습니다. 낙엽 더미에 서 혼로 붐쑥 선 친구를 만났습니다. 채도 낮은 낙엽 속에서 홀 로 새하얀 친구. 마치 숲의 요정이, 우주에서 온 외계인이 손늘

어 인사를 건네는 듯했습니다. 우리나라 자생지가 10여 곳뿐일 정도로 귀하다면서 조 작가가 들려준 이야기는 이러합니다.

"생김새가 이래서 그렇지, 갖출 건 다 갖췄어요. 꽃대 하나마다 꽃이 하나 열리는데, 꽃잎 안에 파란 게 암술대이고 그 주변에 노란 게 꽃밥이에요. 이 친구들은 엽록소가 없으니까 광합성을 못 해요. 꽃이면서 균처럼 살아가는 거죠. 식물이나 동물의 부패한 사체를 먹고 사는 부생식물입니다. 8월 초에 피는 수정난풀이 있어요. 그 친구와 닮았다고 해서 나도수정초라는 이름을 얻었는데 인물은 나도수정초가 확실히 더 낫습니다."

설명을 듣고 보니 더 청초해 보입니다. 뭇 생명이 자연으로 돌아가는 낙엽 더미에서 피어난 친구들이니 더 곱습니다. 눈으로 보기엔 이리 고운데 사진을 찍으려니 뭔가 아쉽습니다. 사실 짙은 숲 그늘이 이들의 삶엔 더 나을 테지만, 품은 빛을 수정처럼 뿜어내는 모습을 찍기엔 무척 아쉬운 상태입니다.

숲 그늘을 비집고 들어올 한 줌 햇살을 기다렸습니다. 기다리니 한 줄기 빛이 나도수정초에 딱 내려왔습니다. 꽃잎이 투명한 듯 빛납니다. 기다렸던 빛이 들었건만, 사진으로 표현하는 데 또 다른 문제가 생겼습니다. 빛이 든 꽃잎을 살리자니 암술대와 꽃밥이 어둡게 표현되는 겁니다. 그렇다고 암술대와 꽃밥을 살리려 노출을 밝게 조정하면 빛 받은 꽃잎이 하얗게 없어져 버립

니다. 꽃잎을 살리자니 암술대와 꽃밥이 울고, 암술대와 꽃밥을 살리자니 꽃잎이 우는 상황이니 어찌해야 할까요?

결국 이를 해결하려 손전등을 꺼냈습니다. 얼른 꽃 속으로 빛을 비춰줬습니다. 원했던 그 모습이 화면에 나타났습니다. 더구나 푸른빛을 머금은 손전등이라 꽃이 푸른빛을 내는 수정처럼 표현됩니다. 사진에 찍힌 건 나도수정초, 그 자체입니다.

이런 사진에서 관건은 촬영을 빨리 끝내는 겁니다. 숲을 비집고 들어온 빛은 이내 사라지기 때문입니다. 그리고 빛에 약한 친구들이니 촬영 후 낙엽으로 살짝 덮어줘야 합니다. 그래야 다음 해에도 숲속에서 요정을 만날 수 있을 겁니다.

나도수정초

◎ 분류: 진달래과
◎ 서식지: 전국 산지

야생화 중에서는 생김새가 가장 특이한 종류에 속한다. 마치 외계식물이라도 핀 것 같지 않은가. 서식지가 전국 산지라고는 해도 멸종위기종만큼이나 만나기 어렵다. 하긴 나도수정초, 너도수정초, 수정난풀, 구상난풀 가족이 모두 희귀종이다. 이름도 비슷하지만 모습 또한 크게 다르지 않다.

함께 보면 좋은 꽃

수정난풀
나도 생소이 끼기 그고 고개를 숙인 모습이다. 8월에 꽃을 피운다.

구상난풀
부새 비꿈 이며 6 7월에 꽃을 피운다.

큰앵초

행복으로 가는 열쇠

큰앵초를 만난 건 5월 말 설악산에서였습니다. 실악솜다리를 찾아 나선 길, 설악산은 험난했습니다. 능선을 타며 오르고 내리길 수차례, 가도 가도 뵈지 않는 설악솜다리에 낙담했습니다. 몸과 마음이 지쳤을 즈음, 큰앵초가 나타났습니다.

　숲에 어른거리는 분홍빛에 눈이 휘둥그레졌습니다. 예닐곱 분홍 꽃을 달고도 꽃대가 곧추섰습니다. 꽃대의 자태에 널브러진 마음과 몸 또한 언제 그랬냐는 듯 곧추섰습니다. 후다닥 핸드폰 카메라를 세팅했습니다. 누가 잡으러 오는 것도 아니고, 꽃이 달아날 일도 없건만 늘 꽃 앞에서는 마음이 앞섭니다. 산은 넓고 꽃은 많은데 대체 왜 이럴까요? 급한 마음을 고치려 늘 마음을 다잡기는 합니다.

꽃을 찍으려면 꽃과 눈높이를 같이해야 합니다. 그러려면 늘 몸을 낮추어야 합니다. 이때 주의하지 않으면 다른 꽃을 상하게 하기 십상입니다. 옆에 피었다는 이유로 속절없이 꺾인 꽃을 참 많이도 봅니다.

사실 렌즈를 통해 꽃에 집중하면, 주변 살필 마음이 가출해 버립니다. 그만큼 한 곳에 몰입하게 되니 그렇습니다. 그렇다고 꽃 사진을 위해 옆 식물을 다치게 하는 일이 정당화될 순 없습니다. 그래서 나부터라도 꽃 앞에서 물불 안 가리고 덤벼들지 말자고 다짐합니다.

찬찬히 둘러보니 여기저기 많이도 폈습니다. 에서 사진을 찍는데 배경이 마뜩찮아 아쉬웠습니다. 숲이라 설악의 품이라는 느낌이 들지 않습니다. 바위나 산 능선이 보이는 곳에 폈으면 금상첨화이지만, 그들이 피는 꽃자리를 모자란 사진쟁이가 탓할 수 없는 노릇이죠.

오래전 쓰러진 고목 밑동 근처에 꽃 피운 친구를 찾았습니다. 그 고목이 그나마 설악의 품이라는 느낌을 돋우어 줍니다. 사실 큰앵초를 국가생물종지식정보시스템에서 검색해 보면 깊은 산 속이나 습지에서 7~8월에 꽃이 핀다고 되어 있습니다. 그런 꽃을 5월 말에 만났으니 여간 귀한 만남이 아닌 겁니다. 그렇다고 이름 그리 반신 일도 아닙니다. 이는 그만큼 ॥삿시분이 생데게가 변하고 있다는 방증이니까요.

　달포 전 화천 비수구미에서 앵초와 흰앵초를 봤습니다. 꽃 생김은 큰앵초와 흡사합니다만 키가 작으며 잎 또한 크기가 작습니다. 앵초란 이름은 일본 이름 '사쿠라 소우櫻草'의 한자를 그대로 옮긴 겁니다. 앵櫻 자는 벚나무와 앵두나무를 뜻하며, 벚꽃처럼 화려하다 하여 앵초라는 이름을 얻은 겁니다. 게다가 서양에선 앵초 꽃을 멀리서 보면 마치 열쇠꾸러미처럼 보이기에 '성 베드로의 열쇠Petersschlussel', '성 베드로의 꽃Petersblume', '천국의 열쇠Himmelsblume'라고 부르기도 합니다. 그래서 꽃말이 '행복의 열쇠'입니다. 그날 설악산에서의 큰앵초는 누가 뭐래도 내겐 행복의 열쇠였습니다.

큰앵초

◎ 분류: 앵초과
◎ 서식지: 전국 깊은 산지

산기슭 물가에 사는 앵초와 달리 깊은 산에 올라가야 만나기에
더 반갑고 귀하다. 앵초 가족은 대체로 잎을 보고 구분한다. 앵
초는 넓은 타원형이고 큰앵초는 넓은 단풍잎을 닮았다. 한라산
에 사는 설앵초는 앵초보다 잎이 작고 혀 모양이다.

함께 보면 좋은 꽃

앵초

4월, 산기슭 물가에
주로 핀다.

흰앵초

흰 꽃은 귀하다.
그래서 더욱 행복한 꽃이다.

풀인 듯 나무인 듯

설악산 능선을 타다가 묘한 친구를 봤습니다. 덜 핀 꽃은 새 부리인 듯 뾰족했으며, 옆으로 뻗은 잎은 새 날개인 듯했습니다. 그 형상이 마치 독수리처럼 보였습니다. 이름도 모른 채, 단지 그 형상이 묘해서 찍은 사진을 조 작가에게 보여줬습니다. 요강나물이라며 조 작가가 이야기하기 시작했습니다.

"요강을 닮았다고 해서 요강나물이라 부르나 봅니다. 우리나라 특산종이죠. 학명에도 코리아나coreana가 들어가요. 강원도 깊은 산에서만 볼 수 있는 귀한 친구이죠. 사실 재미있는 게 나물이라 하여 풀처럼 보이지만, 엄밀히 따지면 나무에 가깝습니다. 목질화된 하부 줄기가 살아서 겨울을 나거든요. 자주조희풀이나 병조희풀도 그래요. 이름은 풀이지만 본질은 나무랍니다."

생김이 묘해서 찍었는데 재미있는 이야기를 품고 있습니다. 풀인 듯 나무인 듯 그렇게 살아가는 우리나라 특산 식물입니다. 두루두루 살피니 제법 꽃을 피운 친구도 있습니다.

꽃잎이 네 갈래로 갈라지면서 바깥으로 뒤집혔습니다. 그 모양이 종과 흡사합니다. 그런데 요강과는 좀 거리가 있어 보입니다. 묘한 생김 때문에 찍은 사진 한 장이 실마리가 되어 꽃이 품은 이야기를 알게 되었습니다. 이 점이 바로 그 무엇과도 비교할 수 없는 사진의 장점입니다.

"덜 핀 꽃이 새 부리 모양이고 핀 꽃은 종 모양인데, 희한하게도 꽃 색은 검은색이고 꽃잎에 북슬북슬한 털이 수북하다"라고 말로 설명한들 알아채기 쉽지 않습니다. 찍은 사진 한 장 보여주면 금세 명약관화해집니다. 그래서 '백문이 불여일견'인 겁니다.

요강나물

◎ 분류: 미나리아재비과

◎ 서식지: 강원도 고산

종덩굴, 초롱꽃, 은방울꽃 등 종 모양의 꽃이 몇 종류 있지만, 외모가 제일 특이하다. 꽃을 우단 같은 흑색 털이 온통 뒤덮고 있다. 멸종위기종은 아니나 강원도 깊은 산 능선에나 가야 만날 수 있으니 귀하고도 귀한 꽃이 아닐 수 없다.

함께 보면 좋은 꽃

검종덩굴
꽃은 요강나물과 비슷하나
나무가 아니라 덩굴성이다.

종덩굴
요강나물과 비슷하지만
털이 없고 유광이다.

금광처럼
바위에 뿌리를 박고 살다

바위에 붙어 살아가는 잎이 눈에 들어왔습니다. 5월 말, 이제 겨우 꽃봉오리를 맺는 이 친구들, 마치 어린 단풍잎 같기도 하고, 큰 국화의 잎 같기도 했습니다. 금마타리라 했습니다.

　사실 야생화 이름은 듣고 돌아서면 잊기 십상입니다. 그런데 한 번 듣고 각인된 친구가 마타리였습니다. 세기의 여간첩 '마타 하리'와 얼추 비슷하여 듣자마자 각인된 겁니다. 꽃도 한 번 보고 잊히지 않을 만큼 크고 화려했습니다. 꽃이 웬만한 프라이팬만 합니다. 그 안에 수많은 작은 꽃이 수평으로 펼쳐졌습니다. 색은 계란 노른자만큼이나 노랗습니다. 게다가 냄새마저도 고약합니다. 가을이면 냄새가 고개를 절레절레 흔들 만큼 역합니다.

꽃은 그 무엇보다 화려한데, 냄새는 그 무엇보다 역하니 기구한 운명의 마타 하리와 대비되어 잊히지 않았습니다. 꽃말 또한 '미인', '무한한 사랑'이라고 하니 이래저래 마타 하리를 연상케 합니다. 사실 이름은 줄기가 가느다란 게 말의 긴 다리 같다고 하여 '마馬다리'에서 '마타리'가 됐다는 설, 거칠고 험한 것을 일컫는 접두사 '막'과 갈기를 의미하는 순우리말 '타리'의 합성어 '막타리'에서 마타리가 되었다는 설이 있습니다. 이 마타리에 금이 붙은 금마타리는 꽃이 누런 황금색이란 의미가 더해진 겁니다.

5월 말, 설악산에서 잎과 이제 막 맺히는 봉오리만 본 터라 아쉬움이 늘 마음 한쪽에 남아 있었습니다. 그러다 7월 초 경기도 가평 화악산에서 금마타리를 만났습니다. 바위에 붙은 채였습니다. 그것도 한두 촉이 아니라 여남은 촉이 무리 지어 핀 채였습니다. 마타리보다 키가 턱없이 작았습니다. 바위에 붙어 사는 친구들이 대체로 작은 편입니다. 척박한 환경에서 멀대같이 큰 키는 생존에 해가 될 테죠. 꽃은 황금색 꽃부리 끝이 다섯 갈래로 갈라진 터라 마치 별 모양인 듯 보입니다. 새끼손톱보다 작은 크기의 황금별인 겁니다. 줄기 끝마다 어떤 친구는 여남은 개, 또 어떤 친구는 20여 개도 넘는 황금별을 달았습니다.

깎아지른 바위 중턱이라 사진 찍기에 나쓰 닐쌌슾이타. 'ㅔㅟ

를 타고 올라 사진 찍는 건 언감생심입니다. 이럴 때 대체로 액정에 두 손가락을 대고 펼치면 꽃이 클로즈업됩니다. 이렇게 찍은 사진을 액정에서 얼핏 확인하면 선명하고 깔끔한 듯 보입니다. 하지만 좀 더 냉정하게 사진을 확대해서 보면 대상이 선명하지 않고 조잡합니다. 선명하게 보이게끔 프로그래밍만 되었을 뿐입니다.

손가락으로 멀리서 줌을 하는 것보다 핸드폰이 대상에 다가가야 선명한 사진을 찍을 수 있습니다. 흔히 이를 발을 움직여 다가가서 찍는다고 하여 '발줌'이라고 합니다. 역시 '손줌'보다는 '발줌'입니다. 핸드폰 기술력이 어디까지 진화할지 모르겠습니다만 아직은 '손줌'보나 '발줌'입니다. 그런데 이 금마타리는 발줌이 되지 않는 깎아지른 바위에 있습니다. 어찌해야 할까요? 셀카봉에 연결하여 최대한 다가가서 찍으면 됩니다. 이른바 '셀줌'이라고 해야 할까 봅니다.

금마타리

◎ 분류: 마타리과
◎ 서식지: 전국 산지

마타리는 황순원의 소설 『소나기』에 나오는 꽃이다. 소년이 꺾어준 마타리를 소녀가 양산처럼 받쳐 쓴다는 내용이다. 마타리는 그만큼 키가 크지만 금마타리는 비위틈을 좋아하는 터라 키가 훨씬 작다. 금마타리, 마타리, 뚝갈, 쥐오줌풀 등은 꽃 모양이 비슷하다. 다만 뚝갈은 흰색, 쥐오줌풀은 진분홍빛이 강하다. 금마타리는 우리나라에서만 자라는 특산종이다.

함께 보면 좋은 꽃

마타리
꽃은 금마타리와 똑같으나 전체적으로 키가 크다.
8센티 초 ㅣ 너ㅣ.

뚝갈
키가 큰 편이며
8월에 흰색 꽃이 핀다.

쥐오줌풀
전체적인 모습은 마타리와 비슷하고 키가 50센티미터 쯤으로 작은 편이다.
꽃은 5월에 핀나.

두루미꽃

학의 날개로 날아오르리

5월 말, 설악산에서 어지간히 애태운 게 두루미꽃과 풀솜대입
니다. 국가생물종지식정보시스템엔 두루미꽃은 6월에, 풀솜대
는 5~7월에 피는 꽃으로 나와 있습니다. 사실 꽃이 교과서에 나
와 있는 대로 딱 피지는 않습니다. 조금 이른 친구도 있고 늦된
친구도 있는 법이죠.

 인간사 그렇듯 꽃도 그러합니다. 5월 말이니 풀솜대는 의당
폈을 테고 두루미꽃 중 이른 친구도 몇몇은 폈을 것이라 짐작했
습니다. 허나, 눈에 불 켜고 설악산을 이틀 동안 뒤졌으나 제대
로 핀 친구를 만나지 못했습니다. 속으로 관세음보살, 지장보살
(풀솜대의 별명이 지장보살입니다)을 외치며 찾았지만 겨우 봉오리
맺은 친구들만 잔뜩 보고 왔습니다.

◀ 두루미꽃   ▶ 풀솜대

  두루미꽃과 풀솜대를 만난 것은 일주일 후 태백에서였습니다. 두루미꽃은 자태가 두루미를 닮아서 붙은 이름입니다. 잎은 대체로 두 장인데 펼친 모양이 두루미 날개 같고, 위에서 아래로 줄지어 늘어선 꽃이 긴 두루미 목 같습니다. 생김으로 보자면 영락없는 두루미입니다. 두루미꽃과 풀솜대는 백합과로 꽃 생김이 닮았습니다. 잎 모양과 개수가 현저히 다를 뿐입니다.

  이 두루미 생김 때문에 사진 찍으며 고민에 빠졌습니다. 두루미꽃은 군락을 지어 핍니다. 하나하나 떼서 보면 두 날개와 긴 목이 확연히 드러납니다만, 수백 촉이 뭉쳐 있으니 생김이 한눈에 드러나지 않습니다. 다다익선이란 말이 모든 경우에 적용되는 것은 아닙니다. 특히 사진의 경우, 빼고 또 빼내어 심플한 메시지만 드러나는 게 더 좋은 경우가 허다합니다.

두루미꽃을 만난 후 숲에서 아주 재미있는 친구를 만났습니다. 고목 밑동에

▲ 자주솜대

홀로 독야청청 자리 잡고 고고함을 뽐내고 있었습니다. 먼발치에서도 그 자태가 한눈에 확 들어올 정도였습니다. 달려가서 보니 자주솜대입니다. 하얀 꽃을 피우는 풀솜대와 달리 자주색 꽃을 피워 자주솜대입니다. 이 친구도 설악산에서 만나긴 했습니다. 꽃봉오리를 열지 않은 채였고, 꽃 색은 녹색이었습니다. 그러고 보니 처음엔 녹색으로 피었다가 자주색으로 변하는 친구였던 겁니다.

자주색 도드라진 이 친구를 제대로 보려 바닥에 엎드렸습니다. 순간, 잎은 날개처럼 펼쳐졌고 꽃은 목을 곧추세운 듯 도도했습니다. 수백 풀솜대, 두루미꽃 안 부러운 자주솜대 하나가 시록 숲에 고고했습니다.

두루미꽃

◎ 분류: 백합과
◎ 서식지: 전국 깊고 높은 산지

두루미꽃은 길게 뽑은 꽃대와 두 개의 넓은 잎이 학을 닮았다고
해서 붙은 이름이다. 군집생활을 하지만 키가 작고 깊은 산 음지
에서 살기에 만나기는 쉽지 않다. 풀솜대는 전국 어디에서나 어
렵지 않게 만난다. 전반적으로 모습이 비슷하지만 잎이 많고 꽃
대가 비스듬히 달려 있다. 30센티미터 정도 크기에 산 중턱 등
산로 주변에서 쉽게 만난다. 자주솜대는 우리나라 특산종이자
멸종위기종이다. 깊은 산 정상에 살며 꽃이 자주색이다. 6월에
꽃이 핀다.

심산 계곡에서의 불꽃놀이

화악산 계곡을 따라 걸었습니다. 조무락골 복호동폭포伏虎洞瀑布
까지 올랐습니다. 복호동폭포는 모습이 '엎드린 호랑이복호, 伏虎'
와 같다는 뜻에서 붙여진 이름입니다. 계곡을 따라 오르며 구실
바위취를 만났습니다.

　구실바위취는 범의귀과입니다. 범의귀는 잎이 호랑이 귀같
이 생겼다고 해서 붙은 이름입니다. 엎드린 호랑이 같은 폭포에
서 호랑이 귀를 닮은 구실바위취를 만난 겁니다. 범의귀과 중에
서도 특히 귀하고 아름다운 꽃이라 매년 이 친구를 찾는다며 조
작가가 덧붙였습니다.

　"구실바위취가 희귀종이에요. 이렇게 깊은 산처럼 아주 깨끗
한 데 외에는 볼 수가 없어요. 꽃잎이 다섯 개이고 수술이 여섯

개인데, 수술 하나하나마다 빨간 꽃밥이 붙어 있죠. 그 모양이 구슬 같다고 하여 '구슬바위취'라고도 합니다. 어찌 보면 성냥 같기도 하고요. 한창 예쁠 때 보면 정말 폭죽이 터지는 거 같아요. 불꽃놀이 하는 것처럼 꽃이 예쁩니다. 한국인이면 꼭 봐야 하는 꽃 중의 하나죠."

한국인이면 꼭 봐야 한다는 그 귀한 꽃을 이제야 본 겁니다. 눈으로 보기엔 꽃이 아름답습니다만, 사진으로 표현하기가 만만치 않습니다. 이 친구들이 대체로 빛이 잘 들지 않는 음습한 데 삽니다. 그래서 꽃보다 배경이 상대적으로 밝습니다. 흰 꽃인데 배경이 더 밝으니 꽃이 제대로 뵈지 않습니다.

계곡가에 피는 꽃이기에 물을 배경으로 하면 좋으련만, 하늘빛을 고스란히 받은 물 또한 꽃보다 훨씬 밝습니다. 그러니 물을 배경으로 사진을 찍는 일은 만만치 않습니다. 하지만 해결책은 늘 있게 마련입니다. 물은 주변의 빛과 색을 받은 대로 보여 줍니다. 꽃을 두고 각도를 달리하면서 물을 살피면, 그늘의 어두움을 받은 물이 보입니다.

어른거리는 밝은 물빛을 피해서 그늘의 어두움을 받은 물이 꽃의 배경이 되게끔 앵글을 잡았습니다. 순간, 꽃 하나하나가 툭툭 터지는 것 같습니다. 비로소 구실바위취가 폭죽을 터트립니다. 숲속에서 구실바위취가 불꽃놀이를 합니다.

구실바위취

◎ 분류: 범의귀과
◎ 서식지: 중부 이북 깊은 산지

자주색 꽃술이 아름다운 꽃이다. 습기와 이끼가 많은 바위계곡에 살기에 더욱더 화려하고 아름답다. 우리나라 고유종이며, 사는 곳이 한정적이라 쉽게 만나기는 어렵다. 비슷한 꽃으로 바위떡풀, 참바위취, 바위취가 있다.

함께 보면 좋은 꽃

바위떡풀

바위에 붙어 살며
8월에 꽃이 핀다.

참바위취

높은 산 바위에 산다.
우리나라 고유종이며
7월에 꽃이 핀다.

1센티미터 요정

안면도로 가는 길에 호자덩굴이 폈다는 소식을 들었습니다. 매화노루발과 노루발을 만나러 가는 길이었습니다. 조 작가가 쾌재를 불렀습니다. 무조건 봐야 하는 친구라며 호자덩굴부터 찾자고 했습니다. 이 친구는 제주도나 울릉도 같은 섬의 숲속에 삽니다. 그만큼 보기에 쉽지 않은 꽃인 겁니다.

자생지로 알려진 숲에 들어섰습니다. 바닥을 살폈습니다. 소나무 숲이라 바닥엔 온통 솔잎입니다. 분명 꽃 폈다는 소식을 듣고 찾았지만 좀처럼 보이지 않습니다. 바닥이 갈색 솔잎투성이입니다. 녹색 잎에 새하얀 꽃이면 금세 눈에 띌 법하건만 좀처럼 보이지 않습니다.

한참을 훑은 후에 찾았습니다. 찾고 보니 꽃이 작아도 너무 삭

습니다. 눈앞에 두고서도 보이지
않을 정도입니다. 바닥에 납작 엎
드렸습니다. 눈을 부라리며 꽃을
살폈습니다. 눈에 보이는 꽃, 실망
스러웠습니다. 1센티미터 남짓 잎
에 봉긋이 솟은 꽃 두 송이가 고작
일 뿐이었습니다. 혼잣말로 중얼

▲ 호자덩굴 열매:
9월에 붉은 색으로 핀다.

거렸습니다. "대체 이걸 보려고 그리 호들갑이었단 말이야?"

예까지 왔으니 증거라도 남기겠다는 마음으로 핸드폰 카메
라를 꺼냈습니다. 최단거리로 접근하여 꽃을 본 순간, 숨이 멎
었습니다. 꽃이 아니라 요정으로 보였기 때문입니다.

길게 쭉 뻗은 화관, 네 갈래로 갈라진 화관 끝의 맵시, 화관에
복슬복슬한 솜털, 솜털 위로 홀로 고고하게 솟은 암술, 어느 것
하나 나무랄 데 없습니다.

핸드폰 카메라에 감사했습니다. 사람의 눈으로는 제대로 볼
수 없는 것을 핸드폰 카메라로 세세히 볼 수 있으니까요. 역광
을 받은 친구를 찾으려고 일어섰습니다. 보송보송한 솜털을 제
대로 살릴 요량입니다.

일어서서 둘러보니 호자덩굴이 수두룩합니다. 꽃 하나 찾기
는 어려워도 일단 찾고 나면 다음부턴 슴세 꽃이 보입니다. 이

한하게도 늘 그렇습니다. 찾으려고 한창 올라갈 땐 안 보였던 꽃이 찾은 후 찍고 내려오면 그제야 보입니다. 이는 그들의 식생과 생김이 눈에 익었기 때문입니다.

수두룩한 꽃 중 역광을 제대로 받은 친구를 골랐습니다. 순광으로 봤던 친구와 비교가 안 될 만큼 솜털이 도드라집니다. 다만 역광이라 솜털에 노출을 맞출 경우, 빛을 받지 않은 화관이 어두워는 단점이 있습니다. 얼른 명함을 한 장 꺼냈습니다. 명함이 핸드폰 카메라 렌즈 바로 옆에 오게끔 위치시켰습니다.

꽃 사진 찍는데 웬 명함일까요? 이 상황에서 명함이 큰 역할을 합니다. 바로 반사판 역할을 하는 거죠. 다시 말해 명함에 반사된 빛이 화관의 어두운 부분을 밝혀주게 됩니다. 아주 작은 꽃이기에 명함 한 장만으로도 넉넉한 크기의 반사판이 됩니다. 명함 빛 받은 호자덩굴 꽃, 영락없는 숲속의 요정입니다.

호자덩굴
◎ 분류: 꼭두서니과
◎ 서식지: 남해안, 안면도

꽃잎을 활짝 펴도 1센티미터가 채 안 되는 꽃이다. 9월에 둥글고 붉은 열매가 열리는데 그 모습이 예뻐 일부러 찾는 애호가들도 적지 않다. 신기하게도 수술 네 개가 길게 자라는 꽃과 암술 한 개가 길게 자라는 꽃이 따로 핀다.

자세히 보면 더 아름다운 꽃

여름 숲엔 키 큰 꽃이 유달리 많습니다. 우거진 숲에서 햇빛을 받고 곤충의 눈길을 끌려면 아무래도 키 큰 게 유리하겠죠. 이러니 우후죽순처럼 자란 꺽다리가 숱합니다. 여기에는 터리풀도 빠지지 않습니다. 대체로 1미터는 족히 넘습니다. 먼발치서 보면 키도 큰데 숫제 꽃이 솜사탕처럼 화려합니다. 게다가 끼리끼리 피니 솜사탕 파티와 다름없습니다.

그런데 말입니다. 오래전 누군가는 이 꽃을 보고 먼지떨이를 떠올렸나 봅니다. 이름이 터리풀인데 아무리 생각해도 과한 비유 같기만 하네요.

꽃을 세세히 보면 사실 먼지떨이와는 거리가 멀어도 한참 멉니다. 아주 작은 꽃이 수도 없이 헐키실키 뭉쳐 핀 보늡은 노이

려 보들보들한 솜뭉치를 닮았더군요.

꽃잎보다 한층 더 긴 분홍 수술이 앞다투어 하늘을 우러렀습니다. 하늘 우러른 수백, 수천의 분홍 수술은 유혹이 아닐 수 없습니다. 사람도 혹할 정도인데 곤충이야 오죽할까요! 때마침 날아든 곤충 두어 마리가 꽃에 흠뻑 빠졌습니다. 꽃술이 이리 많으니 곤충도 꽃술에 빠져 허우적거립니다. 이런 꽃을 터리풀이라 이름 지었으니 아쉬울 따름입니다.

터리풀 사진은 직설적으로 접근했습니다. 얼키설키 뭉친 작은 꽃과 수많은 꽃술이 잘 드러나게끔 꽃 바로 위에서 내려다보며 앵글을 잡았습니다. 이때 난데없이 날아든 곤충 두 마리는 덤입니다. 한 가지 주의해야 할 점은 핸드폰 기울기를 수평으로 유지하는 겁니다. 꽃과 핸드폰이 수평이 되지 않으면, 사진에서 한쪽은 포커스가 맞았는데 다른 쪽은 포커스가 맞지 않는 상황이 생깁니다. 약간의 차이 간지만 결과는 사뭇 다릅니다.

터리풀

◎ 분류: 장미과

◎ 서식지: 전국 산지

흰 꽃이 뭉치로 피어나지만 꽃 하나하나가 꽃술, 꽃받침의 붉은
색과 어우러져 그렇게 아름다울 수가 없다. 잎은 크고 다섯 갈래
로 갈라진다. 우리나라에서만 자생하는 꽃이기에 더욱 사랑스럽
다. 지리산에 사는 지리터리풀은 꽃 색이 붉다.

*

백 운 산 원 추 리

하루를 살아도 귀족처럼

여름 기운이 한껏 오르는 6월이면 원추리 꽃대도 우후죽순처럼 위로 한껏 오릅니다. 이윽고 족히 1미터가량 오른 꽃대엔 크고 화려한 꽃이 달립니다. 녹음 우거진 숲에 붉음을 머금은 누런 꽃이 앞다투어 피면 여름 숲은 화원이 됩니다.

25년 전 지리산 노고단에서 백운산원추리 화원과 맞닥뜨렸습니다. 온 천지가 원추리 꽃으로 덮여 있는 듯했습니다. 당시 길을 안내했던 이가 말했습니다. "여러분은 지금 천상 화원에 오신 겁니다." 동행한 그 누구도 이 말에 토 달지 않았습니다. 말 그대로 하늘과 맞닿은 천상 화원이었기 때문입니다.

그런데 이 원추리 가족을 알고 보면 참으로 애잔합니다. 아침에 피어 저녁에 지고 마는 하루살이 꽃입니다. 그래서 '데이 릴리day lily' 또는 '하루백합'이라 부르기도 합니다. 사람 손도 많이 타다 보니 불리는 이름이 한두 가지가 아닙니다. 봄을 대표하는 맛난 산나물이라 '넘나물', 몸에 지니면 아들을 낳게 한다 하여 '의남초宜男草', 말린 덩이뿌리가 황달이나 이뇨의 치료 및 강장제로 쓰인다 하여 '훤초萱草'라 합니다. 잎, 뿌리, 꽃 어느 하나 빠짐없이 사람의 손을 타니 그 삶이 기구하기로는 따를 꽃이 없습니다.

삶이 이렇다고 하여도 생명력 모질기로 정평이 났습니다. 꽃이 지고 나면 한 꽃대에서 뻗어난 가지에서 또 다른 꽃이 핍니다. 그렇게 10여 송이가 줄기차게 핍니다. 잎, 뿌리, 꽃이 사람 손을 타는데도 무리 지어 화원을 이루는 이유일 텁니다. 이러한 생명력을 빗댄 이름도 있습니다. 지난해 묵은 잎이 마른 채 새봄에 날 새싹을 보호한다고 하여 '모애초母愛草'라 합니다. 기구한 삶인데도 천상 화원을 이룬 데는 어미의 사랑이 있었습니다.

비 온 아침, 서울 남산에 올랐습니다. 갓 피어 싱그러울 백운산원추리를 만나러 오른 겁니다. 아침 내내 내린 보슬비에 함초롬 젖은 두 친구를 만났습니다. 한껏 열어젖힌 잎엔 물방울이 주렁주렁하고, 저 홀로 도드라진 암술도 물방울을 머금었습니다. 사실 비 오는 날 사진 찍는 데는 별다른 기술이 필요 없습니다. 빛은 부드럽고, 꽃은 함초롬하니 핸드폰으로 담기만 하면

됩니다. 비에 핸드폰이 좀 젖어도 웬만큼 생활방수가 되니 끄떡없습니다. 다만 꽃을 만나러 가는 마음을 내는 일, 그것만 걸림돌일 뿐입니다.

백운산원추리

◎ 분류: 백합과
◎ 서식지: 전국 산야

우리가 종종 원추리라고 부르지만, 전국 산야에서 제일 자주 만나는 노란색 원추리의 정확한 이름은 백운산원추리이다. 정작 원추리(또는 왕원추리)는 중국에서 수입한 붉은색의 원예종으로, 화단에서 만날 수 있다. 덕유산, 지리산 같은 산에서 백운산원추리 군락을 본 사람은 안다. 이 꽃이 얼마나 아름다울 수 있는지를.

함께 보면 좋은 꽃

원추리
꽃이 그저 붉은빛이 든다.
홑왕원추리라고 부르기도 하다.

새순이 더 예쁜 꽃

박새라는 새가 있습니다. 덩치가 작디작은 새죠. 박새라는 식물이 있습니다. 잎이 크디큰 식물입니다. 아주 작은 박새와 달리 잎이 넓고 크다고 하여 이름이 박새인 식물입니다.

 20여 년 전 봄, 오대산에 오른 적 있습니다. 봄 숲 바닥이 온통 초록 잎으로 덮여 있는 걸 봤습니다. 푸르고 싱싱한 이파리가 그득하니 초원으로 여겨질 정도였습니다. 그날 동행했던 이가 박새라고 알려주며 한마디 덧붙였습니다. "먹음직하죠? 명이나물 같기도 하니 더러는 먹고 낭패를 봅니다. 독초예요. 하도 독성이 강하니 멧돼지도 박새를 안 건드립니다." 그 후로도 산에 갈 때비 이김없이 싱그러운 박새 잎을 보게 됩니다. 그렇게 잎은 무수히 많이 봤건만 꽃은 한 번도 본 적 없습니다.

7월 초 화악산에서 박새 꽃을 만났습니다. 조 작가가 꽃을 가리키며 말했습니다. "녹색 꽃 본 적 있어요? 박새인데 얘는 녹색이에요." 조 작가가 손으로 가리키는 곳을 봐도 눈에 띄지 않았습니다. 한참 두리번거리다 떡하니 있는 녹색 꽃을 찾았습니다. 녹음 우거진 숲에 녹색 꽃이니 눈에 쉽사리 띄지 않았던 겁니다. 게다가 그 푸르던 잎은 갈색으로 말라비틀어진 채였습니다.

어떻게 보면 녹음 우거진 데 녹색 꽃이라 눈에 띄지 않았다는 건 핑계입니다. 조 작가는 꽃이 품은 이야기와 그들의 삶을 아니 쉽게 찾는 겁니다. 이런 데서 늘 꽃을 좇고, 꽃을 품고 사는 꽃쟁이와 늘 조 작가 꽁무니만 쫓는 사진쟁이의 수준 차이가 있는 겁니다. 조 작가가 박새 설명을 덧붙였습니다.

"대체로 박새 꽃은 황백색이에요. 이렇듯 녹색도 있고요. 큰 것들은 꽃차례가 150센티미터에 달합니다. 그러니 어마어마하게 많은 꽃이 달리죠."

이날 화악산에서 만난 친┰들은 아직 치─없습니다. 이제 막 아래에서부터 꽃을

◀박새의 새싹: 3월 말경 깊은 산에 가면
만날 수 있다. 작은 꽃은 홀아비바람꽃
이다.

피우기 시작한 터였습니다. 일반적으로 6~7월에 피는 꽃이라
알려졌으니 꽤 늦된 겁니다. 사람 키만 한 꽃차례에 녹색 몽우
리들이 줄줄이 달렸습니다. 그렇지만 맨눈으로노 구분이 잘 안
될뿐더러 사진의 관점으로도 꽃이 도통 뵈지 않습니다. 배경과
색 대비가 되지 않기 때문입니다.

　이럴 땐 별다른 수 없습니다. 꽃이 제대로 핀 친구를 골라 대
표 모델로 삼는 겁니다. 이른바 화악산 박새의 녹색 꽃 중 대표
를 고르는 겁니다. 암술과 수술이 확연하고, 꽃잎에 줄무늬 선
명한 친구를 찾았습니다. 더욱이 신비로운 녹색 고우니 더할 나
위 없습니다. 그렇다고 봄날 싱그럽고 먹음직한 이파리에 속으
시면 안 됩니다. 꽃말이 '진실'인데, 진실로 싱그러움 속에 독을
품고 있기 때문입니다.

박새

◎ 분류: 백합과

◎ 서식지: 깊은 산 숲지

황백색, 연두색 꽃만으로도 신기하지만 이른 봄 새싹의 모습이 더 사랑스럽다. 이 새싹이 나중에 150센티미터까지 자란다. 비슷한 꽃 중에 여로가 있다. 잎은 박새, 꽃이 여로라면 참여로라고 부른다.

함께 보면 좋은 꽃

여로

잎이 좁고 꽃도 작나. 꽃이 필 때끼 꾸름여릅 붉은여로 등으로 분류하기도 하지만 그 밖에는 거의 차이가 없다.

깊고 깊은 숲속의 도깨비 마을

화악산 정상을 앞에 두고 길을 잃었습니다. 등산로엔 '출입금지'란 푯말만 있었습니다. '돌아가라', '옆길로 가라'라는 안내문조차 없었습니다. 다시 온 길을 되돌아갈 순 없으니 길인 듯 아닌 듯 우거진 숲으로 들어섰습니다. 미심쩍었으나 그나마 사람 다닌 흔적이 얼핏 보였습니다. 숲은 후텁지근하기가 이를 데 없었습니다. 흙길 또한 질퍽하고 미끄러웠습니다. 잠시 흩뿌렸던 소나기 탓입니다.

그 상황에서 만난 친구가 도깨비부채입니다. 덥고 습한 숲에서 우연히 만났으니 참으로 반가웠습니다. 잎은 열대식물이라 여겨도 될 만큼 컸습니다. 이름하여 도깨비부채인 이유가 바로 잎 때문입니다. 부채를 닮기도 했거니와 부채만큼 크니 도깨비

부채인 겁니다.

꽃은 작고 아담합니다만 줄줄이 수없이 달렸습니다. 줄줄이 달린 그 모양이 원뿔 모양입니다. 이 친구는 깊고 높은 산지에 자라며, 응달에서 무리를 지어 사는 게 특징입니다. 꽃말은 '행복', '즐거움'이라 합니다. 길 잃은 데다 습하고 무더운 여름 숲에서 갑자기 만난 터라 '행복', '즐거움'이란 꽃말이 더 와닿습니다.

사진 찍으며 잎과 꽃을 한꺼번에 담는 게 고민이었습니다. 부채만 한 잎은 아래에 달렸고, 꽃은 1미터는 됨 직한 곧추선 줄기 끝에 맺혔으니 둘의 거리가 멀어 둘 너무 멉니다. 꽃에 수북하면 잎은 뵈지 않고, 잎에 주목하면 꽃은 아득합니다.

이 친구 저 친구 살펴보다가 아주 재미있는 친구를 발견했습니다. 아래에서 피어오른 꽃이 위 친구의 잎과 만난 채였습니다. 아래 친구의 꽃이 위 친구의 잎에 난 구멍을 뚫고 올라올 기세였습니다. 이 친구들 덕에 잎과 꽃을 한 앵글에 찍을 수 있었습니다.

있는 그대로 보여주는 게 사진이라면, 사진은 곧 진실이라고 할 수 있습니다. 하지만 이 사진처럼 있는 그대로를 보여주면서 착각에 빠지게도 합니다. 실제 꽃은 잎 한참 위에 피지만, 꽃이 잎 아래에서 핀다는 착각을 불러일으키는 거죠. 착각을 불러일으켜 진실을 가릴 수도, 흥미로운 이야기를 만들 수도 있는 게 사진입니다.

도깨비부채

◎ 분류: 범의귀과

◎ 서식지: 중부 이북 깊은 산지

미색의 꽃이 피는데, 꽃잎은 없고 흰색의 꽃받침이 꽃잎처럼 보인다. 키가 1미터까지 자라고 잎 하나의 크기가 40~50센티미터에 달하기도 하지만, 숲 그늘에 살고 꽃 색이 연해 잘 눈에 띄지 않는다. 키가 큰 탓에 어두운 곳에 갑자기 맞닥뜨리면 살짝 섬뜩한 기분이 들기도 한다.

나리 중의 으뜸

7월에 서해안 어느 섬을 찾아갔습니다. 물이 빠지면 걸어서 갈 수 있는 섬이었습니다. 물때를 맞추어 섬이 먼발치 보이는 곳에 당도했습니다. 펄 길이가 족히 1킬로미터는 되어 보였습니다.

7월 땡볕에 펄 길로 가야 하니 막막합니다. 그렇다고 망설이고 있을 수 없습니다. 꽃이 있는 정확한 위치도 모르지만, 아무튼 물이 다시 들어오기 전에 어떻게든 꽃을 찾아 사진 찍고 돌아와야 합니다. 앞만 보고 걸었습니다. 뒤돌아보면 포기할 것만 같았기 때문입니다. 뒤도 안 돌아보고 도착하니 마음이 급해집니다. 홀로 섬을 둘러보며 꽃을 찾아야 하니 더 그렇습니다.

꽃 전문가들과 함께 다니다 보면 놀라운 게, 뭐든 잘 찾는다는 겁니다. 식물의 식생을 잘 알기에 그렇습니다. 물가, 바위,

응달, 양달, 부엽토, 모래땅 등 식물은 나름대로 살아가는 식생이 있는데 그 삶터를 알기에 쉽게 꽃을 찾는 것이겠죠. 오늘은 조 작가가 없으니 소 뒷걸음질로 쥐 잡듯 꽃을 찾아야 합니다.

식물원이 아닌 야생에선 좀처럼 보기 힘든 귀한 꽃이니 섬까지 찾아온 겁니다. 거의 섬 반대편에 이르러서야 꽃을 만났습니다. 바로 땅나리입니다. 나리는 백합과의 우리 꽃을 일컫는 말입니다. 여기서 땅은 꽃이 땅을 보고 핀다는 의미입니다.

한편 땅꼬마처럼 작다고 하여 이름에 땅이 붙었다는 설도 있습니다. 아무튼 이 친구는 꽃이 땅을 향해 있습니다. 나리들 중에서 가상 삭기도 합니다.

사진으로만 볼 땐 이리 작은 줄 짐작도 못 했습니다. 실제로 보니 참으로 앙증맞더군요. 흡사 얼레지같이 바깥으로 말린 꽃 잎은 종이접기로 만들어 낸 듯 곱습니다. 사진엔 아무래도 섬이 란 이미지가 더해져야 했습니다.

갯벌이 잘 보이는 위치에 터 잡은 친구 둘을 찾았습니다. 그러 고는 바닥에 엎드렸습니다. 하늘에 날고 있는 두어 마리 잠자리 가 보였습니다. 그 잠자리들이 꽃이나 꽃 근처에라도 날아들기 를 고대하며 숨죽였습니다. 대체로 숨죽이고 돌부처처럼 있으 면 십중팔구 성공합니다만, 오래지 않아 포기하고 말았습니다.

수백 마리 모기가 달려든 탓입니다. 떼거리로 달려드니 아무 리 손으로 쫓아내도 소용없습니다. 모처럼 사람 만난 모기에겐 횡재이니 물불 안 가리고 달려듭니다. 하도 많이 물리니 정신까 지 아득해집니다.

오래전 여름밤에 매미 우화 과정을 지켜보고 사진 찍은 적이 있습니다. 그때도 온몸을 모기에게 뜯겨야 했습니다. 그다음부 터 여름 숲에 들 땐 모기 기피제가 필수품이 되었습니다. 모기 때문에 사진을 못 찍는 일은 다신 없어야겠기에 늘 상비했습니 다. 하필 이 섬에 들 땐 모기 기피제를 챙기지 못했습니다. 그 섬엔 그 무엇을 하염없이 기다리는 땅나리도 있습니다만, 이제 나저제나 사람을 목 놓아 기다리는 모기도 있습니다.

땅나리

◎ 분류: 백합과
◎ 서식지: 중부 이남 해안

나리꽃 가족은 많지만 분류하는 방법은 의외로 간단하다. 바라보는 방향에 따라 땅, 중, 하늘이다. 이에 더해 잎이 치마처럼 줄기를 감싸면 말나리, 잎이 어긋나게 줄기 여기저기 붙으면 그냥 나리이다. 하늘말나리, 말나리, 중나리, 털중나리, 솔나리 등 이름을 보며 모습을 상상해도 좋다. 땅나리 다음으로는 솔나리가 귀하다. 깊은 산에 살기에 만나기도 어렵지만, 분홍색 꽃잎과 솔잎처럼 가는 잎이 매력이다.

함께 보면 좋은 꽃

솔나리

깊은 산속에 산다.
멸종위기종일 만큼 귀하다.
7월에 꽃이 핀다.

참나리

나리 가족 중 가장 크고
튼튼하다. 원예종으로
개발되어 쉽게 만날 수 있다.

하늘말나리

꽃이 하늘을 향하고 잎이
줄기를 치마처럼 감싼다.
6월에 꽃이 피나

여름

7~8월

108번뇌를 풀어내리

타래난초, 꽃이 참 기묘합니다. 꽃들이 가녀린 꽃대를 휘감으면서 타고 오르는 모양새입니다. "빙빙 꼬였네"라는 아이스크림 광고의 노래처럼 딱 그렇게 빙빙 꼬였습니다. 더구나 절묘하게도 아이스크림처럼 분홍빛입니다.

남한산성 성곽 둘레를 반 이상 걷고서야 희한하게 생긴 이 꽃을 찾았습니다. 잡초 무성한 무덤가에서 개망초, 고들빼기, 달맞이꽃과 함께 있었습니다. 이 친구는 실타래처럼 꼬여서 이름이 타래난초입니다. 왜 이처럼 꽃이 꼬였을까요? 조 작가가 들려주는 이야기에 심쿵합니다.

"대체로 꽃은 한쪽으로만 주르륵 나 있습니다. 그러면 아래 꽃들이 빛을 잘 못 받습니다. 그런데 이 친구는 아래에 있는 꽃

이 빛을 받게끔 자기 몸을 꼰 겁니다.”

골고루 햇빛을 나누어 살아내려는 놀라운 생존 전략이 아닐 수 없습니다. 이 친구는 유독 무덤가에 많습니다. 그래서 전설처럼 무덤에 얽힌 이야기도 있습니다.

“‘망자의 꽃’, ‘번뇌의 꽃’이라고도 합니다. 무덤에 묻힌 분이 승천하지 못하고, 타래처럼 꼬인 한과 108번뇌를 다 풀어낸 다음에 간다는 얘기가 있어요. 보면 아시겠지만 보통 꽃이 30~40개 정도 핍니다. 30~40개 꽃이 108타래를 풀려면 3년 정도 걸립니다. 이 꽃은 딱 3년밖에 못 삽니다. 타래처럼 꼬인 번뇌를 하나씩 풀어내면서 연을 끊는 데 3년이 걸리는 거죠.”

‘망자의 꽃’, ‘번뇌의 꽃’이라는 사연, 믿거나 말거나이지만 마음이 아립니다. 얽힌 타래의 사연을 제대로 보여주는 게 사진의 관건입니다.

꽃마다 꼬인 정도가 다릅니다. 막 피기 시작한 꽃은 거의 곧게 섰고 만개한 꽃은 지나치게 꼬인 탓에 외려 안 꼬인 듯 보입니다. 일단 제대로 꼬인 타래난초를 선택하는 게 먼저입니다. 그다음엔 제대로 꼬인 친구를 제대로 꼬여 보이게 찍는 게 사진쟁이의 역량입니다.

7월의 공동묘지라 잔디의 키가 제법 큽니다. 제아무리 잘 꼬인 타래난초라도 우거진 잔디와 잡풀더미에 섞이니 도통 꼬임

이 드러나지 않습니다. 이를 해결하고자 핸드폰을 땅바닥에 붙였습니다. 땅에 붙인 건 핸드폰을 가능한 한 낮추려는 요량입니다. 그 각도에서 꽃을 우러렀습니다. 이러면 자연스럽게 파란 하늘이 배경이 됩니다. 파란 하늘빛과 대비되니 분홍빛이 고스란히 도드라집니다. 이렇게 사진에 담긴 분홍 빛깔의 꽃, 하늘로 타고 오를 기세입니다.

타래난초

◎ 분류: 난초과
◎ 서식지: 전국 양지바른 산야

타래난초가 잔디를 좋아하는 이유는 잔디뿌리의 박테리아와 공생하기 때문이다. 균류의 도움을 받아야 발아가 가능한 것은 난초과 식물의 공통된 특성이다.

함께 보면 좋은 꽃

감자난초
5월, 깊은 산에서 피며
뿌리기 감자처럼 생겼다.

옥잠난초
산지 그늘에 살며 6월에
녀누색 꽃이 핀다.

*

긴 산 꼬 리 풀

하늘 향해 하늘거리다

긴산꼬리풀은 우리나라 여름꽃입니다. 7~8월이면 무더위에도
아랑곳없이 연보라색 꽃을 피웁니다. 긴산꼬리풀이라는 이름
만으로 생김새와 서식지를 유추할 수 있습니다. 바로 산기슭에
살며 꼬리처럼 긴 꽃을 가졌다는 의미입니다. 대체로 꽃차례 길
이가 10센티미터가 넘으며 20센티미터가 넘는 것도 있습니다.
한번 상상해 보세요. 강아지 꼬리처럼 길쭉한 꽃들이 한 무리로
어우러져 하늘거리는, 연보라색 넘실거리는 여름 숲을…

긴산꼬리풀처럼 긴 꽃대에 꽃자루가 있는 여러 개의 꽃이 어
긋나게 피는 꽃을 총상꽃차례라고 합니다. 이런 총상꽃차례는
꽃이 아래에서 시작해 차츰 위로 올라가며 핍니다. 꽃의 마지
막 순간까지도 수분하려는 그들의 생존 전략 중 하나입니다. 아

래에 꽃이 폈고 위에는 봉오리만 맺혀 있을 땐, 어린 친구라 생각하시면 됩니다. 아래에 꽃이 졌으며 위에 꽃만 달려 있으면 이내 곧 열매를 맺을 친구들인 겁니다. 여름 내내 꽃이 피고 지고 합니다. 그러니 이들 무리엔 다양한 상태의 꽃이 있습니다.

7월 중순 한여름 더위가 기승을 부리던 날, 남산에서 만난 이 친구들도 그랬습니다. 어떤 친구는 화사한 꽃을 막 피우기 시작했습니다. 또 어떤 친구는 남은 꽃 몇 송이를 피워 올렸는데, 그 짠하고 대견한 끝 모습에 핸드폰 카메라 초점을 맞추었습니다. 모양새로 보자면 꽃봉오리를 막 틔운 친구가 화사하고 곱습니다. 이에 비해 끝물인 친구는 모양새가 너저분하게 보일 수도 있습니다. 색 또한 바랬고요. 하지만 너저분하고 바랜 그들에겐 살아낸 삶의 이야기가 배어 있습니다. 그 이야기에 주목하려 초점을 끝물인 친구에게 맞춘 겁니다. 단지 모양새만 아름다운 것보다 살아온 삶의 이야기가 보태져야 심금을 사로잡으니까요. 때마침 나비 하나가 날아들었습니다. 그 나비조차도 그들 삶의 이야기로 보태졌습니다.

긴산꼬리풀

◎ 분류: 현삼과
◎ 서식지: 깊은 산기슭

원예종으로 개량해 화단에서 쉽게 볼 수 있지만 야생에서는 그렇게 만만치 않은 꽃이다. 무리를 짓는 속성 덕분에 전성기에는 등산객들의 눈을 사로잡는다. 상상해 보라. 하늘을 향해 하늘거리는 하늘색 꽃들의 향연을…

함께 보면 좋은 꽃

냉초
긴산꼬리풀과 비슷하나
잎이 어긋나지 않고
돌려나기를 한다

범꼬리
산골짜기 양지에서
자라며 6월에
꽃이 핀다

그 많던 싱아는 누가 다 먹었을까

장마가 끝난 8월은 무덥습니다. 무더워도 너무 무덥습니다. 이렇게 무더운 날, 조 작가한테 끌려 천마산에 올라갔습니다. 이맘때 이런저런 꽃들을 확인해야 한다는군요. 속단, 송장풀, 참배암차즈기, 자주조희풀 같은 꽃들이었습니다. 지난 3월에 왔을 때는 북사면으로 올라왔지만 이번엔 그 반대편 능선길이었습니다.

산을 3분의 2쯤 올라왔는데 조 작가가 꽃 하나를 가리키며 사진을 찍어두라고 했습니다. 사실 꽃은 별로 예쁘지 않았습니다. 희고 작은 꽃들이 줄기에 다닥다닥 붙어 있더군요.

"이게 무슨 꽃인데요?"

"모르셨어요? 싱아잖아요."

"싱아? '아이 시어' 하는 그 싱아요?"

"예, 그 싱아예요."

그러고 보니 어릴 적에 싱아를 먹어본 적은 있지만 꽃은 기억이 나지 않습니다.

"그때 먹어본 싱아는 다른 식물일 거예요. 비슷한 풀 중에 수영이라고 있어요. 싱아는 보기가 쉽지 않지만 수영은 개울이나 밭 등 어디나 있죠. 잎과 줄기가 싱아만큼이나 시어서 개싱아라고 부르기도 해요. 박완서의 소설 『그 많던 싱아는 누가 다 먹었을까』의 싱아도 찔레꽃, 아까시나무 꽃만큼이나 흔했다는 걸 보면 개싱아, 즉 수영일 가능성이 커요. 어렸을 땐 시면 다 싱아라고 불렀거든요. 저도 며느리밑씻개 잎을 싱아로 알고 따 먹던 시절이 있었죠."

조 작가의 설명을 듣고 다시 꽃을 보았습니다. 비록 크게 화려하지는 않아도 우리나라 사람이라면 어느 풀보다 추억이 풍성한 식물이 바로 싱아 아닐까요? 꽃잎 다섯 개에 수술 여섯 개. 아, 조 작가 설명에 따르면 꽃잎은 퇴화하고 흰 꽃잎은 꽃받침이 변한 것이라는군요.

싱아는 1미터가 훌쩍 넘는 키에 꽃이 왜소한 편입니다. 게다가 바람까지 산들거리니 어찌 찍을지 막막했습니다. 숫제 고뇌와 다름없습니다. 이를테면 꽃만 클로스업하자니 꽃이 그 서 그

렇고, 잎과 꽃을 함께 앵글
에 넣자니 어지러운 배경
까지 더해져 당최 꽃이 뵈
지도 않을 정도이니 고뇌
에 빠진 겁니다.

　이럴 땐 무조건 배경을
단순화해야 합니다. 더구
나 꽃이 하얀색이니 어둑
한 배경이면 더할 나위 없

고요. 꽃을 두고 빙빙 돌며 살펴보다가 적당한 각도를 찾았습니
다. 배경이 꽃과 멀어 자연스레 아웃포커스도 됩니다. 그제야
싱아꽃이 싱아꽃답게 보입니다. 그런데 사진 찍는 내내 고뇌에
쌓였는데, 내내 입 안에 침이 가득 고인 까닭은 뭘까요?

싱아

◎ 분류: 마디풀과
◎ 서식지: 산기슭

마디풀과의 대표적인 식물로, 우리에게는 줄기와 잎의 신맛으로 더 유명하다. 우리 주변에 싱아 비슷한 식물이 수영, 소리쟁이이다. 소리쟁이는 맛이 밋밋한 반면, 수영은 싱아처럼 새콤한 맛이 나시 개싱아, 괴싱아라고 부르기도 한다.

함께 보면 좋은 꽃

수영
잎반 식되에 줄치 노비 킬 기이 비슷하나 잎이 훨씬 넓다.

흰꽃여뀌
잎이 비슷하나 둘라가 사나 꽃이 듬성듬성 핀다.

병조희풀

호리병 속에 담은 여름

병조희풀을 처음 만난 곳이 뜬금없었습니다. 인천의 국야농원에서였습니다. 300여 종의 우리 들국화가 자라고 있는 농원입니다. 이곳은 43년 동안 우리 들국화를 육종해 온 이재경 대표가 운영하고 있습니다. 그간 이 대표가 한 일은 전 세계 어디에서도 볼 수 없는 우리 들국화를 찾고 지키며 육종해 온 겁니다. 이 대표가 지금까지 공식 등록한 들국화 신품종만 무려 43종에 이릅니다. 이 대표는 이른바 국화의 신인 거죠. 그리고 국야농원은 들국화 세상이고요.

이 들국화 세상을 찾은 건 조 작가 때문입니다. 뜬금없이 안면도에서 국야농원에 가보자고 제안했습니다. 때가 6월 중순이니 들국화가 피기는 일렀습니다. 그런데 들국화 있는 들국화 세

상으로 가자고 하니 참으로 뜬금없는 제안이었죠. 안면도에서 숨 가쁜 일정을 마쳤는데, 인천까지 또 달려야 하니 엄두가 안 났습니다. 심드렁한 내 표정에 조 작가가 거절할 수 없는 말로 유혹했습니다.

"이재경 대표가 들국화의 신이지만 사실은 온갖 꽃을 좋아해요. 거기 가면 옥잠난초, 산제비란, 섬초롱꽃, 종덩굴 등 신기한 꽃을 볼 수 있죠."

말 끝나기가 무섭게 인천으로 달렸습니다. 그곳에서 처음 만난 게 병조희풀입니다. 조 작가의 유혹 목록에 없는 이름이었습니다. 더구나 이 친구는 8월 한여름에 피는 꽃으로 알려져 있습니다. 뜬금없는 장소와 철에 만난 겁니다. 처음 꽃 생김을 본 순간 몸이 저절로 그 앞으로 이끌렸습니다. 키가 관목처럼 큰 식물인데 작은 화병이 달린 모양새였습니다.

병조희풀은 이름은 풀이지만 소관목입니다. 꽃이 호리병 모양이라 이름에 병이 붙고요. 조희는 저피楮皮, 닥나무 껍질가 변한 말로 종이를 뜻하는 고어입니다. 그러고 보니 꽃잎에 도들도들한 질감이 한지로 만든 화병 같습니다. 마침 하늘 빛마저 곱게 화병을 비추고 있으니 후다닥 사진부터 찍어야 했습니다.

오후 6시 20분, 낮은 고도의 태양 빛이 숲 그늘 틈으로 들어와 꽃과 만났습니다. 측면에서 들어온 빛이 노란 꽃술을 밝힙니다. 꽃잎은 머금었던 수수한 보랏빛을 내놓습니다. 빛을 투과한 잎은 속살을 살포시 드러냅니다. 에서 사진을 찍는 이가 할일은 하늘 빛이 만든 찰나를 놓치지 않는 겁니다.

사실 사진가는 빛의 방향, 높낮이, 질감, 양을 늘 살핍니다. 하늘 빛이 적절한 방향과 높낮이, 알맞은 질감, 더할 나위 없는 양으로 꽃을 비춘다면 금상첨화라 할 수 있습니다. 인공조명을 사용해 아무리 꽃을 아름답게 찍어도 자연이 만들어 낸 절묘함에는 미치지 못합니다. 그러니 사진가는 늘 빛을 살피고, 마음에 차는 하늘 빛을 고대하고 기다리는 겁니다.

병조희풀

◎ 분류: 미나리아재비과
◎ 서식지: 전국 고산

자주조희풀은 비교적 낮은 산에서도 쉽게 만나지만, 병조희풀은 상대적으로 귀하다. 높은 산에나 올라가야 보이기 때문이다. 이름은 풀이지만 둘 다 요강나물처럼 목본, 즉 나무에 속한다. 병조희풀 꽃은 호리병 모양이며 자주조희풀은 긴 원통 모양이다.

함께 보면 좋은 꽃

자주조희풀
자주색 꽃잎 안의 노란색 꽃술이 아름답다.

바위에 핀 노란 별무리

처음 바위채송화에 반하게 된 건 꽃이 아니라 잎 때문이었습니다. 5월 설악산 너덜겅 바위에서 만났습니다. 두 친구가 갈라진 바위틈에서 용케 잎을 틔우고 있었습니다. 한 친구는 흙먼지 겨우 모인 곳에 터를 잡았으나 그나마 생생한 듯 보였습니다. 생김새는 아주 작은 바나나가 몽골몽골 뭉친 듯했습니다. 그 생김이 꽃만큼이나 예쁘고 대견했습니다. 그래서 꽃도 안 핀 어린 잎에 단박에 반해버린 겁니다.

옆 친구는 참으로 가련했습니다. 흙먼지조차 부족한 데다 터를 잡아서 잎이 말라비틀어졌습니다. 그러니 잎 형태도 제대로 갖추지 못했습니다. 이 모습을 본 조 작가가 한마디 덧붙였습니다.

"이 친구는 건조한 곳에서 오히려 잘 자랍니다, 말라비틀어

져 죽은 것같이 보이죠? 비만 오면 언제 그랬냐는 듯 생생하게 살아납니다."

생존 끝판왕인 겁니다. 언젠가 꼭 바위채송화 꽃을 보고 사진을 찍으리라 마음먹었습니다.

7월 초 화악산 바위틈에서 드디어 꽃 핀 친구를 만났습니다. 그런데 꽃을 피운 건 딱 한 친구였습니다. 이 친구들 꽃 피우는 방식이 '취산꽃차례'입니다. 우리말로 풀자면 '작은모임꽃차례'입니다. 이는 꽃 밑에서 각각 한 쌍씩 작은 꽃자루가 나오고 그 끝에 꽃이 한 송이씩 달리는 꽃차례입니다. 이러니 8~9월 개화기엔 올망졸망 모여서 핀 꽃이 숫제 꽃밭을 이루기도 합니다. 예서 만난 한 송이 꽃을 자세히 들여다보면 꽃 아래에서 기지가 어떻게 나오고, 또 어떻게 꽃봉오리가 맺혔는지 다 보입니다.

꽃 생김 또한 한눈에 들어옵니다. 가운데 별 하나가 떡하니 자리 잡았습니다. 다섯 꽃잎이 영락없는 별입니다. 삐죽 솟은 열 개의 수술은 3단 케이크 같은 꽃밥을 하나씩 달고 있습니다. 암술은 수술의 호위를 받으며 다소곳이 가운데 자리 잡았습니다. 이 척박한 바위틈에서 어찌 이토록 구성과 비율이 돋보이는 꽃을 피워냈을까요? 봄날 잎에 반하고 여름날 꽃에 또 반했습니다.

그리고 북한산 바위에선 활짝 핀 바위채송화를 만나고 사진을 찍었습니다. 잎에 먼저 반했기에 꽃봉오리, 꽃, 꽃차례를 다 찍게 되었습니다. 고백하자면 그간 꽃만 좋아온 게 태반입니다. 그러다 보니 꽃의 삶만 봤을 뿐 그들 삶의 전반을 못 본 후회가 항상 마음에 걸려 있습니다. 사실 어떤 삶이든 일생을 살피고 기록하여야 충실한 이야기가 담긴 사진이 됩니다.

영화 포스터의 탄생 과정을 예로 들면 이해하기 쉬울 겁니다. 촬영 과정을 지켜보면서 영화의 전반적인 이야기를 안 후에 영화의 모든 것을 한 장의 포스터에 담습니다. 그래서 포스터 한 장을 보면 영화의 모든 이야기가 들려오는 겁니다. 영화 포스터가 이렇듯 꽃 삶의 사진도 포스터처럼 찍는다면, 더할 나위 없는 사진이 될 겁니다.

바위채송화

◎ 분류: 돌나물과
◎ 서식지: 전국 산지

7월에 꽃을 피우며 비교적 높은 산에 산다. 바위에 붙어서 살며 잎이 채송화를 닮아 바위채송화이다. 기린초, 돌나물 등 돌나물과 식물답게 노란 별꽃이 아름답다. 돌나물과는 생명력이 강해 원예종으로 쉽게 접할 수 있다.

함께 보면 좋은 꽃

돌나물

들판 어디에서나
쉽게 만난다.
4월에 꽃이 핀다.

채송화

잎이 바위채송화와 닮았다.
화단에 심으며
꽃 색은 다양하나,

우리나라 토종 야생화

한여름 땡볕에 남한산성을 한 바퀴 돈 후 꽤 지쳤을 무렵입니
다. 조 작가가 저더러 화장실 앞에 핀 비비추를 찍으라고 했습
니다. 군말 없이 찍으며 속으로 의아했습니다. 도심에서 숱하게
봤던 게 비비추입니다. 산과 들에서 나는 자연의 꽃을 찾아다니
는 터에 화단에서 언제나 볼 수 있는 꽃을 찍으라니 의아했습니
다. 게다가 화단에 꽂혀 있는 이 친구들의 이름표 또한 숱하게
본 터입니다. 이름표를 보며 서양 원예종이라 지레짐작해서 더
욱 미심쩍었습니다.

그래도 조 작가가 깊은 생각이 있으니 찍으라 했겠죠. 이 친
구들 살펴보기에 꽃대만 어림잡아 30센티미터가 넘습니다. 아래
꽃이 고우면 위 꽃은 꽃봉오리가 겨우 맺혔고, 위 꽃이 고우면

아래 꽃은 시든 채입니다. 30센티미터 넘는 것을 한 앵글에 넣으면 쓸데없이 배경은 넓어질 겁니다. 배경이 넓고 어수선하면 꽃 또한 함께 어수선해집니다.

뭔가가 마음에 안 들면 핑계거리가 많아지는 법이죠. 더구나 무더위에 지친 터에 마음마저 동하지 않으니 성에 차지 않은 사진만 몇 장 찍고 말았습니다. 사진 찍는 사이 멀리 간 조 작가를 따라잡아 물었습니다.

"흔하디흔한 비비추를 왜 찍으라고 하셨어요?"

"요즘 도시에 많고 자연에서는 보기 어렵기에 대부분 원예종이라 생각하겠지만 저 친구도 우리 꽃이에요. 잎이 비비 꼬여서 나서 비비이고, 취나물을 의미하는 '취'가 '추'로 바뀌어 비비추입니다. 일월비비추라고 깊은 산에 사는 우리 꽃이 있어요. 나중에 그 친구랑 묶어서 이야기하는 것도 재미있을 거예요."

듣고 보니 아뿔싸 싶습니다. 서양 원예종이 아니고 우리 꽃이었습니다. 무식함 때문에 비비추를 알아보지 못한 게 계속 마음에 걸렸는데, 오래된 기억이 떠올랐습니다.

남산에서 비비추 잎이 땅을 뚫고 오르는 것을 찍은 적 있었습니다. 땅에서 올라오는 친구들을 위에서 내려다보니 잎이 하트 모양이며 느낌이 갑습니다. 그리고 좀 더 잎이 오른 후 봤을 땐, 잎끼리 부둥켜안고 비비 꼬인 모양새였습니다. 아내도 이 느낌

▼가평 냇가에 핀 비비추

새 때문에 비비추라는 이름을 얻은 건가 봅니다. 그리고 무성한 잎에 빗방울이 맺힌 사진을 찍어둔 기억까지 떠올랐습니다.

생각이 여기에 미쳤을 때 마침 비가 왔습니다. 우산 받쳐 들고 남산으로 올랐습니다. 함초롬히 젖은 비비추가 다르게 다가왔습니다. 서양 원예종이라 짐작하여 눈길 주지 않았던 때와 달리 참으로 고왔습니다. '알고 보면'이란 말이 마음에 여실히 와닿는 순간이었습니다.

만개한 꽃과 젖은 잎을 한 앵글에 넣었습니다. 꽃은 물론이거니와 잎도 흠뻑 젖은 그들, 보는 것만으로도 싱그럽습니다. 사실 아는 만큼 보이듯 아는 만큼 사진 찍는 겁니다. 사진 테크닉이 아무리 뛰어나도 모르면 못 찍기 마련이죠. 꽃에 대해 무지한 제가 조 작가와 함께 우리 들꽃에 대한 책을 내는 이유가 바로 알고 찍기 위함입니다. 알고 보면 다르게 보이는 게 사진이니까요.

비비추

◎ 분류: 백합과
◎ 서식지: 산지 냇가

산지에서 내려와 원예화에 성공한 대표적인 꽃이다. 야생화는
야생에서 봐야 한다고 믿지만 장마에다 최근에는 코로나까지,
여의치 않은 경우가 많았다. 깊은 산 계곡 여름 냇가, 바위틈에
서 보는 비비추는 크기가 작고 풍취도 다르다.

함께 보면 좋은 꽃

일월비비추
높은 산에 산다.
비비추와 달리 꽃이 꽃대 끝에 모여 핀다.

한 마리 새가 되어 날아가리

8월 중순, 여름꽃 보려 태백 금대봉과 대덕산을 훑었습니다. 금
대봉에서 대덕산으로 넘어가는 그 코스가 야생화의 보고로 알
려져 있습니다. 참 많은 꽃을 보았습니다. 나름 뿌듯했습니다.
그런데 조 작가가 찾지 못해 안타까워한 꽃이 있습니다. 분명
그곳에서 봤던 꽃이고, 있다고 널리 알려졌는데 안 보이니 의아
했나 봅니다. 계속 두리번거리며 조 작가가 혼잣말로 주절거렸
습니다.

"이상하다. 이럴 리가 없는데… 그 큰 꽃이 왜 안 보이지?"

그래서 대체 뭘 찾는지 물었습니다.

"큰제비고깔이 안 보이네요. 키가 1미터 남짓 되고 보라색
꽃이 주렁주렁 달린 꽃이니 웬만하면 눈에 띄거든요."

큰 키에 보라색 꽃 주렁주렁 달리니 웬만하면 눈에 띄기 마련이라는 큰제비고깔, 결국 못 찾고 말았습니다.

  일주일 후 조 작가가 남한산성에 가자며 연락이 왔습니다. 큰제비고깔을 찾자는 얘기였습니다. 끝내 못 찾은 게 마음에 걸렸나 봅니다. 그곳에선 여러 번 봤으니 확실하다는군요. 저리도 의지가 확고하니 따라나서지 않을 도리가 없습니다.

  햇빛 가릴 나무조차 없는 성곽 바깥 길을 걷는 일은 고역입니다. 그냥 걷는 게 아니라 살피고, 되돌아가고, 또 되돌아오길 반복하니 미치지 않고서는 못 할 일입니다. 그러다 결국 찾아냈습니다. 그리 힘든데도 꽃만 보면 언제 그랬냐는 듯 생생해집니다.

  꽃부터 살폈습니다. 우선 옆에서 보면 생김새가 고깔 모양입니다. 마법사가 씀 직한 그런 긴 고깔 같습니다. 조 작가의 설명에 의하면 고깔은 꽃잎이 아니라 꽃받침이랍니다. 고깔 안쪽은 새가 입을 벌리고 모이를 달라는 모양입니다. 꽃술인 줄 알았는데 이것이 꽃잎이라고 조 작가가 덧붙였습니다.

  앞에서 입구 쪽을 보면 새가 입을 쫙 벌리고 있는 것처럼 보입니다. 결국 이 친구 이름은 맵시가 제비 같고, 고깔 모양 닮았다는 데서 유래된 겁니다. 제비고깔속에서 키가 가장 크다 하여 「큰」이 들을 써비고요.

  이 친구 사진의 관건은 고깔 맵시를 잘 살리는 겁니다. 청변

에서 보면 새가 입을 벌린 모양새가 더 잘 보입니다. 하지만 고깔의 맵시가 전혀 보이지 않습니다. 그러니 옆면을 잡되, 고깔 안쪽의 모양새도 나오게끔 각도를 택했습니다. 게다가 꽃이 하늘로 날게끔 아래에서 위로 올려보며 찍었습니다. 노출은 꽃이 밝아지게끔 조절을 했습니다. 꽃이 밝아지니 덩달아 하늘도 하얗게 밝아졌고요. 이런 식의 밝은 사진을 사진 용어로 '하이키 사진'이라고 합니다. 하이키 덕분에 큰제비고깔이 지지배배 지저귀며 하늘을 나는 듯합니다.

큰제비고깔

◎ 분류: 미나리아재비과

◎ 서식지: 중부 이북 산지, 지리산

크고 높은 산에서 살지만 서울 인근에서는 남한산성 둘레길에서 만날 수 있다. 보라색 꽃이 마치 하늘을 날아가는 듯 우아한 모습이다.

덧없고도 덧없어라

어릴 땐 닭의장풀을 달개비라고 불렀습니다. 달개비만큼 흔하디
흔한 꽃도 없었습니다. 산이든 도심이든 냇가든, 어디든 보라색
이 아롱거리면 여름이 온 줄 알았습니다. 사실 하도 흔하니 꽃다
운 대접을 잘 못 받습니다만, 제대로 꽃을 들여다보면 이만큼 고
운 꽃도 드뭅니다. 얇은 종이처럼 속이 비치는 파란 꽃잎, 벌 나
비가 혹할 노란 헛수술, 유려한 곡선으로 뻗은 수술에 품격이 있
습니다. 하지만 조 작가와 함께 책을 구상할 때는 예비목록에조
차 들지 못했습니다. 꽃이 제아무리 고와도 흔한 탓입니다.

　이런 차에 달개비 꽃을 다시 제대로 볼 일이 생겼습니다. 바
노 덩굴닭의장풀 때문입니다. 조 작가가 홍천에서 덩굴닭의장
풀을 발견한 덕에 서로 비교 차 달개비를 다시 보게 된 겁니다.

아침 이슬에 젖은 풀밭에서 보물찾기라도 하듯 훑던 조 작가가 환호성을 질렀습니다. 이는 어서 오라는 신호이기도 했습니다. 달려가서 보니 빼곡한 수풀 사이에 하얀 꽃이 들어 있었습니다. 5~6밀리미터 남짓 아주 작은 꽃이 점점이 들었습니다. 이 작은 걸 빼곡한 수풀 사이에서 찾아낸 게 용합니다.

눈으로는 꽃 생김을 도저히 볼 수 없을 만큼 조그맣습니다. 게다가 바람마저 세차니 제대로 볼 수 없습니다. 조 작가는 잎과 덩굴을 보면 쉽게 찾을 수 있다고 했습니다. 달개비보다 잎이 넓고 심장형이며 덩굴이 있는 것을 찾는 게 비결이라 합니다. 설명을 듣고 보니 꽃이 심장에서 솟은 듯 보입니다.

그나저나 사진 찍는 일이 난감합니다. 수풀 속이라 어두운 데다 바람마저 드셉니다. 이 조그만 꽃을 과연 찍을 수나 있을까 싶을 정도입니다. 이럴 땐 하나씩 문제를 해결해 가야 합니다.

어두우니 꽃에 손전등을 비추고는 빔처럼 빛을 모으는 기능을 켰습니다. 수풀이 어지러우니 배경엔 빛이 닿지 않고, 꽃에만 빛이 닿게 할 요량입니다.

그다음으로 포커스를 맞춰야 합니다만 쉽지 않습니다. 핸드폰엔 포커스를 자동으로 쫓아가는 기능이 있지만, 바람 드셀 땐 먹히지 않으니, 서리지 쫓아다니기보다 기다리며 길목을 지키는 게 낫습니다. 일종의 사냥술을 적용하는 겁니다.

시간이 오래 걸릴 수 있으니 셀카봉을 꺼냈습니다. 셀카봉 손잡이 부분을 낚싯대처럼 허리띠와 배 사이에 꼈습니다. 허리띠를 지지대로 이용하면 카메라 흔들림을 잡을 수 있습니다.

마지막으로 핸드폰 카메라 포커스를 수동 모드로 바꿉니다. 그리고 임의의 지점에 수동으로 거리를 맞춥니다. 이제 기다리면 됩니다. 꽃이 정해놓은 지점에 와서 멈추는 순간을 노리면 됩니다. 물론 쉽지 않습니다. 많은 실패 끝에 겨우 한두 장 건질 뿐입니다.

그런데 말입니다. 그 한두 장의 결과물을 보면 참 잘했다는 생각이 절로 듭니다. 속이 비치는 꽃잎, 땅콩 모양으로 도톰한 꽃밥, 수술대를 감싼 노란 솜털이 그대로 액정에 맺혔습니다. 이 솜털, 마치 병아리의 노란 털 같습니다. 그들 삶의 경이가 고작 0.5센티미터 안에 들었습니다.

찍은 사진을 확인한 조 작가가 혀를 차며 나지막이 한마디 했습니다. "이렇게 예쁜 게 한나절이면 져버리니… 쯧쯧쯧." 나지막한 혼잣말이 청천벽력처럼 들렸습니다. 덩굴닭의장풀 꽃은 고작 하루 만에 지고 마는 일일화─日花인 겁니다. '짧았던 즐거움'이라는 달개비의 꽃말처럼 말입니다.

덩굴닭의장풀

◎ 분류: 닭의장풀과
◎ 서식지: 산지 기슭

여름 들판을 덮는 꽃에는 닭의장풀, 좀닭의장풀, 애기닭의장풀, 큰닭의장풀 등 종류가 많지만 대부분 닭의장풀과 외모 차이는 크지 않다. 하지만 덩굴닭의장풀은 다르다. 산지 습한 기슭에 살며 꽃 색이 연해 쉽게 눈에 띄지 않는다.

함께 보면 좋은 꽃

닭의장풀
깨알이 대불어씨 죽어들 산과 들 어디에서나 쉽게 만날 수 있다.

자주닭의장풀
이래 좋이다 부니 체인씨 아는 씨기 미 ㅣ 만날 수 있다.

꽃보다 아름다운 버섯

장마철에 남녘에서 망태말뚝버섯이 피었다는 소식이 들려왔습니다. 망설였습니다. 이 세찬 빗속에 전북 익산이라니, 선뜻 마음이 내키지 않습니다. 조 작가와 논의했습니다. 가느냐 마느냐 고민 끝에 결국 가서 보기로 했습니다. 늘 야생화만 좋는 조 작가가 어인 까닭으로 버섯을 찾아 나서기로 했을까요? 그것도 장마철에 말입니다. 조 작가가 들려준 이유는 이러합니다.

"어떤 야생화보다 더 아름답기 때문입니다. 오죽하면 노랑망태버섯과 망태말뚝버섯을 '버섯의 여왕'이라 부르겠습니까? 게다가 이 친구들이 새벽에 버섯을 피우면 한나절을 못 가고 죽어 버려요. 하루살이보다 더 짧은, 한나절을 사는 슬픈 운명인 거죠. 마치 시한부 생을 사는 아름다운 공주 같은 이미지랄까요."

망태말뚝버섯, 참 기구한 운명이 아닐 수 없습니다. 여왕처럼 화려한 드레스를 펼쳤는가 했더니 어느새 생을 접는 슬픈 운명의 버섯인 겁니다. 하루살이보다 짧으니 어쩌면 생명체 중에서 가장 수명이 짧지 않을까요? 이렇듯 금세 사라지기에 장마를 뚫고 이 친구를 보려고 달려간 겁니다.

사실 이 친구의 이름을 오래전부터 망태버섯으로 알고 있었습니다. 아니면 노랑망태버섯에 견주어 흰망태버섯으로 부르기도 했고요. 조 작가가 이름에 얽힌 이야기를 들려줬습니다.

"정확한 이름은 망태말뚝버섯이에요. 언제부턴가 이것을 말뚝버섯속으로 바꿨더라고요. 노랑망태버섯은 그대로인데 얘만 망태말뚝버섯으로 이름을 바꾼 거 같아요. 망태라는 것은 드레스처럼 생긴 게 망태를 닮아서이고, 말뚝이라는 것은 안에 있는 흰 대가 남근과 닮아서 이름이 붙은 겁니다. 그런데 보면 아시겠지만, 버섯의 여왕 이미지와는 안 어울리는 이름이죠."

망태 드레스가 녹고 나면 말뚝만 드러납니다. 그 모습을 두고 말뚝이라는 이미지를 떠올렸나 봅니다. 아무리 그래도 활짝 펼친 드레스를 한 번 보고 나면 말뚝 이미지는 깡그리 사라집니다.

비 오는 대나무 숲은 꽤 어둡습니다. 아무래도 핸드폰으로 사진 찍는 데 어려움이 있게 마련입니다. 핸드폰 자동 모드로 찍으면 흰 버섯이 더 하얗게 찍혀 질감이 사라집니다. 왜 그럴까요? 버섯을 둘러싼 주변이 어두우니, 핸드폰이 자동적으로 주변이 밝아지게끔 노출값을 조정합니다. 이렇게 주변이 밝아지면 어쩔 수 없이 버섯도 덩달아 밝아지게 됩니다. 이는 주변 노출을 밝히려 핸드폰이 감도ISO를 고감도로 설정하기 때문입니다.

고감도란 빛이 조금만 있어도 핸드폰이 이를 잘 감지한다는 의미입니다. 이는 어두운 밤이나 컴컴한 실내에서 사진을 제대로 나오게끔 하는 데 아주 효율적입니다. 하지만 단점이 있습니다. 핸드폰 액정에서는 그럴듯하게 보이지만, 액정을 벗어나 컴퓨터 화면에서 사진을 보면 입자가 상당히 거칩니다. 액정에서 본 사진과 비교할 수 없는 조잡함에 실망하게 됩니다.

나중에 작품으로 프린트한다거나, 컴퓨터 또는 TV 모니터에 띄워놓고 제대로 감상하려면 저감도로 찍어야 합니다. 입자가 아주 곱고 선명한 사진을 찍을 수 있는 게 저감도의 장점입니다. 하지만 저감도의 단점도 있습니다. 어두운 숲에서 삼각대 없이 손으로 들고 찍기가 쉽지 않다는 점입니다. 십중팔구 사진이 흔들리게 마련입니다.

이럴 때 해결책이 있습니다. 우선 수동 모드로 전환하여 저감도로 설정합니다. 다음으로 셔터 스피드를 더 느리게 조정하여 화면이 적당히 밝아지게끔 합니다. 마지막으로 핸드폰을 땅바닥에 바짝 붙입니다. 이 상태에서 셔터를 누른 손을 떼면 소금도 흔들리지 않은 사진을 얻을 수 있습니다. 핸드폰 눈높이를 높이려면 바닥에 돌멩이 하나 두고 그 위에 밀착시키면 됩니다. 버섯의 여왕을 찍는데 이 정도 수고는 해야 하지 않을까요?

망태말뚝버섯

◎ 분류: 말뚝버섯과
◎ 서식지: 중부 이남 대나무숲

꽃이 아니라 버섯을 선택한 이유는 아름답기 때문이다. 치마를 활짝 펼쳤을 때의 모습에 야생화 애호가들이 눈독을 들이며 어느샌가 야생화 소개 단골 메뉴가 되었다. 옥녀꽃대, 홀아비꽃대, 그리고 길마가지나무, 올괴불나무처럼 비슷한 종류가 남과 북으로 갈린다. 남쪽이 망태말뚝버섯이라면 북쪽은 노랑망태버섯이다. 노랑망대버싯은 습한 숲속에 산다.

함께 보면 좋은 버섯

노랑망태버섯
망태말뚝버섯과 비슷하니 균사가 노랗다.

꿩의 가족을 소개합니다

꿩의다리는 줄기에 마치 꿩의 다리 같은 마디가 있다 하여 얻은 이름입니다. 이런 마디진 줄기들이 이어져 키가 2미터가 넘는 친구들도 있습니다. 여름 숲의 꺽다리입니다.

꿩의다리는 가족이 많습니다. 수술대가 가는 꿩의다리, 통통한 산꿩의다리, 미색의 큰꿩의다리, 보랏빛이 감도는 은꿩의다리, 연잎꿩의다리, 꼭지연잎꿩의다리, 자주꿩의다리, 좀꿩의다리 등등. 가족을 모두 만난 조 작가의 말에 따르면 다들 비슷비슷하면서도 나름대로의 특징이 있답니다. 그중에서 아무래도 금꿩의다리가 제일 아름답습니다.

금꿩의다리를 만난 것은 8월 중순이었습니다. 조금은 늦은 시기였지만 다행히 제법 많은 꽃을 달고 있더군요. 원래 7~8월

부터 피는 꽃이니 이렇게라도 본 게 어디냐 싶습니다.

꽃은 고운 연분홍입니다. 사실 연분홍 꽃잎은 꽃잎이 아닙니다. 꽃받침 조각이 꽃잎처럼 보이게끔 진화한 겁니다. 벌과 나비를 유혹하려는 전략인 거죠. 게다가 길고 노란 수술대와 꽃밥 또한 매력이 차고 넘칩니다. 이리 고운 노랑이니 이름에 금을 붙인 겁니다. 그래서 꽃말이 '키다리 인형'인가 봅니다.

한창때면 매력적인 꽃들이 하늘을 찌들 듯 수없이 달립니다. 하지만 광릉에서 만난 친구는 끝물이라 꽃의 태반이 시들었습니다. 큰 키에다 꽃이 듬성듬성한 전체를 앵글에 넣으니 아니 찍으니만 못합니다. 더구나 하나하나의 꽃이 하도 작으니 꽃의 매력이 당최 드러나지 않습니다. 앵글에 꽃을 많이 넣는 것을 포기했습니다.

유난히 고운 두 송이 꽃을 찾았습니다. 꽃과 잎이 어우러진 모양이 새가 나는 듯 보입니다. 도드라진 꽃도 하나하나 세세히 보면 날개를 펼친 듯합니다. 이것저것 많은 것을 빼버리고 핵심만 본 결과입니다. 버려서 '금꿩'을 얻었습니다. 역시 사진은 뺄셈입니다.

금꿩의다리

◎ 분류: 미나리아재비과

◎ 서식지: 중부 이북 산골짜기

꿩의다리도 종류가 많지만 가장 화려하고 아름답다. 보기도 귀해 깊은 산 깊은 골짜기에 가야 볼 수 있다. 우리나라 고유의 특산종이다.

함께 보면 좋은 꽃

꿩의다리
꽃이 흰색이고 가늘다. 6월에 핀다.

산꿩의다리
꽃이 흰색이고 통통하다.

은꿩의다리
꽃이 가늘며 보랏빛이 선명하다.

연잎꿩의다리
높은 산 바위에 살며 키가 작다.
멸종위기종이나.

*

참 배 암 차 즈 기

배암처럼 섬뜩하게

참배암차즈기를 보러 가자며 조 작가가 천마산으로 이끌었습니다. 배암이라는 이름이 섬뜩했습니다. 어린 시절 뱀을 맨발로 밟은 적이 있었는데, 그 뭉클하고 서늘한 느낌은 지금도 저를 몸서리치게 합니다. 뱀이란 말만 들어도 고개를 절레절레 흔들었는데, 참배암차즈기라니… 조 작가와 함께 가면 늘 설레지만, 이번만큼은 썩 내키지 않았습니다.

천마산은 조 작가가 눈감고도 어디에 무엇이 있는지 훤히 아는 곳입니다. 그러니 그의 뒤만 따르면 됩니다. 그런데 가도 가도 꽃이 뵈지 않습니다. 꽃 보러 간 날이 9월 1일입니다. 이르면 7월부터 피기 시작하여 8월에 절정인 친구들인데, 다소 늦은 탓인지 좀처럼 눈에 띄지 않습니다.

8월에 이들을 찾아가지 못한 건 잦은 태풍과 장마 때문입니다. 그래서 태풍이 끝나자마자 찾아간 게 9월이 된 겁니다. 세찬 계곡 건너기만 10여 차례 해야 했습니다. 산 능선 여기저기를 훑어 겨우 한 친구를 찾았습니다. 그런데 꽃봉오리만 맺은 채였습니다. 그 친구를 찾은 후 주변을 둘러보니 죄다 그 상태입니다. 늦었으리라 생각했건만 꽃이 아직 덜 핀 채였습니다. 자연은 늘 이렇습니다. 그들은 그들의 시간대로 살아가는데 사람은 사람의 시간으로 늦다, 이르다 지레 판단합니다.

꽃이 덜 피었다 하여 온 길을 되돌아갈 순 없습니다. 산을 넘어가는 다른 길을 택했습니다. 혹여 꽃 핀 친구를 만날 수 있으리라는 일말의 기대를 저버리지 않았기 때문입니다. 하필 그 길은 태풍 피해가 무척 심했습니다. 쓰러져 길을 막은 아름드리나무가 숱했습니다. 그 아름드리나무를 피해 길을 찾다가 참배암차즈기를 만났습니다. 조 작가와 부둥켜안았습니다. 산삼을 봐도 그리 기쁘지 않았을 겁니다. 조 작가가 바닥에 엎드려 꽃을 마주한 채 흥이 난 목소리로 설명했습니다.

"생김새를 보세요. 입을 쫙 벌린 게 딱 뱀이죠. 게다가 이빨과 혀도 있죠. 이빨처럼 보이는 게 수술이고 혀처럼 보이는 게 암술이에요. 우리나라 고유종이고요. 전국적으로 자생지는 많으나 점차 줄어들고 있어 희귀종으로 지정된 친구입니다."

  설명을 듣고 보니 영락없는 뱀입니다. 아래로 뻗은 두 수술은 독을 한껏 품은 이빨 같습니다. 앞으로 쭉 내민 채 끝이 두 갈래로 갈라진 암술은 혀를 날름거리는 듯합니다. 게다가 혀끝만 짙은 자색이니 더 영락없습니다.

  꽃말은 하필 '승천'입니다. 하늘로 오르고픈 이무기를 연상케 하는 절묘한 꽃말입니다. 꽃 찾는 데 시간을 허비하여 이미 산은 어둑했습니다. 이럴 땐 어김없이 비장의 무기를 꺼내듭니다. 바로 손전등이죠. 꽃 뒤쪽 45도 방향에서 꽃을 향해 비췄습니다. 빛이 든 순간, 암술과 수술은 물론 눈에 띄지 않던 화관의 솜털까지 도드라집니다. 심지어 암술에 걸쳐진 거미줄까지 보입니다. 눈으로는 보이지 않던 거미줄이었습니다만, 빛을 빈 ○

니 마치 뱀이 분사한 독 같습니다.

한참 엎드려 사진을 찍는데 조 작가가 핀잔을 줍니다. "그만 찍어요. 뱀 말만 들어도 싫다더니…" 고개를 들어보니 그새 어두워졌습니다. 사진 찍느라 시간 가는 줄 몰랐습니다. 내려갈 길이 까마득하니 조 작가가 재촉한 겁니다. 그런데 뱀이란 말만 들어도 섬뜩했는데, 희한하게도 산에서 내려가는 내내 참배암차즈기란 말이 입에서 맴돌았습니다.

참배암차즈기

◎ 분류: 꿀풀과

◎ 서식지: 전국 높고 깊은 산

배암차즈기는 곰보배추라는 이름으로 더 유명한 꽃이다. 꽃이 뱀을 닮았다지만 크지 않은 탓에 별로 실감을 하지 못한다. 참배암차즈기는 커다란 배암차즈기라는 뜻이다. 우리나라 고유종이며 희귀식물군에 속한다.

*

병아리풀

병아리들의 여름 소품

꽃을 만나러 갈 땐 주로 걷습니다. 설혹 산으로 난 길이 있어도 차를 아래에 두고 걷습니다. 한 발짝씩 걸으며 발아래를 살피고 숲을 둘러봅니다. 주마간산처럼 훑어서는 제대로 꽃을 볼 수 없습니다. 더구나 작은 꽃들은 눈에 불을 켜고 훑어도 못 찾는 경우가 허다합니다. 그러니 늘 걷습니다. 병아리풀도 느리게 걸은 터라 만날 수 있었습니다.

9월에 접어들었는데도 무척 더운 날이었습니다. 무더운 날은 차를 타고 오르고픈 유혹이 만만찮습니다. 그 유혹을 떨쳐버려야 꽃을 만날 수 있습니다. 그저 얻어지는 건 없으니까요.

앞서 걷던 조 작가가 병아리풀을 찾았습니다. 달려가서 조 작가가 손가락으로 가리키는 곳을 봤습니다. 아무것도 안 보였습

니다. 지켜보던 조 작가가 답답했는지 허리를 숙여 손가락으로 꽃을 콕 찍어줬습니다. 그제야 꽃이 보일 정도로 작고 앙증맞습니다. 꽃은 총상꽃차례로 줄지어 달렸지만, 하나의 꽃 크기가 2~3밀리미터 남짓이니 작아도 너무 작습니다. 이리도 작으니 이름에 병아리가 붙은 겁니다.

꽃을 자세히 보려 핸드폰 카메라를 꺼냈습니다. 맨눈으로 보이지 않을 때 핸드폰 카메라로 찍어서 보는 건 이제 일상이 되었습니다. 측열편側裂片, 즉 찢어진 꽃잎 조각 색은 연분홍입니다.

꽃잎이 감싸고 있는 꽃밥 색이 재미있습니다. 어떤 것은 붉지만 어떤 것은 샛노랗습니다. 계란노른자만큼이나 노랗습니다. 돌무지로 된 산기슭에서 독특한 친구가 눈에 띕니다. 줄기 끝에 꽃을 피운 친구인데, 줄기 가운데엔 넓적한 원반 모양의 무엇을 줄지어 달고 있습니다. 자세히 보니 열매입니다. 꽃 피고, 꽃 지고, 열매 맺는 한 가닥 줄기, 그 한 가닥 줄기가 피워낸 건 그들 삶의 시집인 겁니다.

병아리풀

◎ 분류: 원지과
◎ 서식지: 경기도 북부 고산 기슭

높이 10센티미터 정도로 작고 꽃자루 길이도 1~2밀리미터에 불과하지만 병아리꽃을 보기 위해 전국에서 사람들이 몰려든다. 그만큼 예쁘고 귀하다. 꽃 이름에 병아리가 붙으면 아주 작다는 의미가 있다. 병아리난초가 그렇고 병아리다리가 그렇다. 작다고 해서 그 가치까지 작은 것은 아니다.

함께 보면 좋은 꽃

병아리난초
난초과의 작은 풀이다. 7월에 꽃이 핀다.

아기부처의 환생

해가 산마루로 넘어가고 나서야 산그늘에 들어있습니다. 이미 어둑합니다. 애기앉은부채를 찾으려고 들어선 길입니다. 사실 다른 곳에 들렀다 오느라 늦었습니다. 조 작가가 늦었다며 한사코 밝은 날 다시 가자고 했습니다만, 내심 깜깜할 때 애기앉은 부채를 찍고자 마음먹은 터였습니다. 막무가내로 우겨서 숲에 들어갔지만, 어두워서 아무것도 보이지 않았습니다. 막막했습니다. 손전등을 꺼내 이리저리 비춰봐도 제 눈엔 도통 뵈지 않습니다. 산그늘의 시간은 도심의 시간과 다르게 흐릅니다. 땅거미 질수록 시간은 빨라집니다. 순식간에 어두워질 것을 아니 마음이 조급해집니다.

흰 비노 본 적 없는 데다 인터넷으로 생김새만 찾아본 터라

애기앉은부채에 대해선 거의 까막눈인 셈입니다. 발아래 흙의 질감이 눈으로 가늠되지 않을 즈음 "찾았다!"라는 조 작가의 외침이 들렸습니다.

달려가서 보니 혼자였으면 절대로 찾을 수 없겠다 싶었습니다. 작아도 너무 작았습니다. 꽃은 1센티미터, 꽃을 둘러싼 포는 3~5센티미터 남짓입니다. 더구나 암갈색이니 까막눈에겐 보일 리 만무했습니다. 다소곳이 어둠에 묻힌 이 친구, 참으로 신기하게 생겼습니다. 이러니 조 작가가 오래전부터 애기앉은부채를 꼭 봐야 한다고 했나 봅니다.

"세상에 꽃이 천차만별이라지만 이렇게 기이하게 생긴 꽃이 있을 거 같진 않아요. 포 안에 철퇴처럼 생긴 게 꽃대이고요. 거기에 가시처럼 이렇게 하나씩 조그맣게 튀어나온 게 다 꽃이에요. 이 작은 것들이 수술이고 암술이고 그래요."

조 작가의 설명을 듣고 1센티미터 남짓 되는 꽃을 사진 찍어 확대해 봤습니다. 꽃대가 긴 것이 영락없이 철퇴 같습니다. 꽃대가 짧은 것은 마치 코로나바이러스 같습니다. 하도 시절이 어수선하니 별것이 다 그리 보입니다. 조 작가가 들려주는 꽃 이야기는 이러합니다.

"꽃을 싼 포를 불염포라 합니다. '부처 불佛'에 '화염 염焰' 자를 씁니다. 광배에 앉아 있는 부처님 같다는 뜻이죠. 그래서 앉

은부처였는데 종교색을 없애자고 앉은부채로 바꿨다는군요.
사실 봄꽃인 앉은부채가 있어요. 이 친구는 여름꽃인 애기앉은
부채이고요. 원래는 봄꽃이 작고 여름꽃이 큰데 이 친구들은 반
대죠. 봄꽃이 다섯 배에서 열 배 정도 큽니다. 앉은부채가 피면
봄이 오고, 애기앉은부채가 피면 가을이 온다는 말도 있어요.
그리고 식생도 좀 달라요. 앉은부채는 꽃이 지고 나서 잎이 나
와요. 애기앉은부채는 초봄에 잎이 나왔다가 6월 말, 7월 초에
잎이 없어진 다음 8월 중순이 되어야 꽃이 피죠. 잎과 꽃이 서
로 못 만나는 상사화와 비슷합니다.”

　이 식물 꽃에 얽힌 이야기도 숱합니다. 그만큼 신비한 꽃이니
이런저런 이야기도 많을 테죠. 사진은 손전등 두 개를 이용하여

찍었습니다. 둘 중 비교적 빛이 강한 손전등을 불염포 바로 뒤에 켜두었습니다. 이는 불염포에 담긴 의미인 광배를 표현하기 위한 방편입니다. 사실 이 불염포 때문에 어두운데도 꽃 찾기를 강행한 겁니다. 밝으면 엄두도 못 낼 테지만, 어두우면 광배처럼 빛나게끔 만들 수 있습니다.

불염포를 먼저 살려냈으니 다음으로 꽃을 살려내야 합니다. 역광에다 빛이 없으니 꽃이 까맣습니다. 비교적 빛이 약한 손전등을 꽃을 향해 비췄습니다. 이때 주의할 점은 불염포 뒤에서 오는 빛보다 앞에서 비추는 빛이 훨씬 약해야 광배 느낌이 산다는 겁니다. 만약 앞에서 비추는 빛이 더 강하면 애써 만든 불염포 빛은 도루묵이 됩니다.

이렇게 찍은 결과물을 보니 어두울 때 온 게 다행이다 싶습니다. 어둡다고 해서 사진을 지레 포기할 일이 아닌 겁니다. 어두우면 어두움에 어울리는 이야기가 있는 법이니까요.

애기앉은부채

◎ 분류: 천남성과
◎ 서식지: 강원도 깊은 산지

봄을 알리는 꽃 중에 앉은부채가 있다. 경기도 북부에서도 2월 말이면 꽃을 피워 겨울잠에서 깬 짐승들이 꽃잎을 먹고 겨우내 뒤틀린 내장을 푼다. 애기앉은부채는 앉은부채보다 훨씬 작고 훨씬 귀하다. 강원도 깊은 산지에서나 만날 수 있다.

함께 보면 좋은 꽃

앉은부채
덜른 산지에서 피어나. 애기앉은부채와 달리 꽃과 잎이 함께 핀다.

노랑앉은부채
경기도 천마산에만 있는 희귀종으로, 앉은부채의 변종으로 보기도 한다.

꽃으로도 때리지 말기

한여름 태양의 열기를 받으며 금대봉 능선을 걷는 건 두 번은 못 할 일입니다. 혼자 속으로 다시는 오지 않으리라 다짐합니다. 능선을 벗어나고픈 마음이 간절하지만 발걸음이 쉽게 떨어지지도 않습니다. 발걸음마다 눈에 들어오는 꽃 때문입니다.

이 뜨거운 열을 받으며 사는 삶이 용하다 싶은데, 한술 더 떠 태양을 향해 꼿꼿이 우러른 친구들이 숱합니다. 그중에서 꼿꼿하기로 둘째가라면 섭섭해할 친구가 자주꽃방망이입니다. 오죽하면 이름에 방망이가 붙었겠습니까. 방망이 들고 태양과 맞짱을 떠서 방망이란 이름을 얻었을까요? 사실은 꽃이 방망이처럼 모여서 줄기 끝에 피기에 꽃방망이입니다. 자주가 붙은 건 물론 꽃이 자주색이라시 그맇고요.

실제로 이 친구들은 키가 1미터까지 자랍니다. 줄기 끝에 꽃이 10여 개 뭉쳐 달리고, 아래로 내려가며 잎겨드랑이에도 몇 개씩 달립니다. 그 모습이 영락없는 방망이입니다. 방망이라고 하니 꽃이 시원찮을까 생각할 수 있지만, 얘들도 명색이 초롱꽃과입니다.

다섯 갈래로 갈라진 자줏빛 꽃잎에다 가운데 오똑 선 채 세 갈래로 갈라진 암술이 돋보입니다. 그런데 이날 만난 친구들은 하나같이 키가 그리 크지 않았습니다. 키가 30센티미터 정도 되는 미니 방망이인 겁니다. 아무리 미니 방망이라도 방망이답게 보이는 각도를 찾으려고 요모조모 살폈습니다. 원줄기마저 가는 터라 외려 옹색한 데다 꽃도 그다지 예쁘게 나오지 않는군요.

매번 느끼지만, 피사체가 성에 차지 않을 때 더 많이 찍게 됩니다. 앵글을 바꿔가며 요모조모 찍으니 더욱 그렇겠죠? 사실 많이 찍은 사진일수록 결과물은 대체로 시원찮습니다. 그래도 포기하는 것보다 한 장이라도 건지는 게 낫습니다.

그럼 B급 사진들은 어떻게 할까요? 하도 많이 찍으니 핸드폰 메모리를 걱정해 주는 사람도 더러 있습니다. 모조리 삭제합니다. 마음에 드는 사진만 남겨두고요. 비워야 또 새로 채울 수 있는 법이니까요. 사설이 길었습니다. 위에서 아래로 내려다보니 마침맞게 꽃방망이처럼 보입니다. 꽃 가운데 오똑한 암술도 제대로 보입니다. 그제야 일어섰습니다. 끝이 동그란 꽃방망이, 맞죠?

자주꽃방망이

◎ 분류: 초롱꽃과
◎ 서식지: 전국 산야

자주색 꽃이 방망이처럼 모여 핀다. 우리나라 자생식물이나 자
생지가 많지 않아 만나기는 쉽지 않다. 솜방망이, 금방망이, 쑥
방망이, 산솜방망이 등 야생화에 방망이라는 이름이 많다. 하나
하나 찾아보는 것도 재미있는 일이다.

함께 보면 좋은 꽃

산솜방망이

세~ 로~ 경인도에 살며
붉은색 국화꽃이 핀다.

쑥방망이

8녀 흐.밋.각 희회 꽃이 핀다

솜방망이

4월, 양지바른 들판에
대개 가가 회세터미터
내외로 작다.

아기 오리들의 놀이터

찾을 무엇과 장소를 정하고 길을 가면서도 조 작가는 늘 숲을 살핍니다. 혹시 다른 게 없나 두리번거리며 걷습니다. 늘 붙어 다니다 보니 뒤에서도 모습이 읽힙니다.

흰진범을 만난 날도 그랬습니다. 분홍장구채가 있다는 곳으로 가다가 난데없이 "오리다!"라며 소리쳤습니다. 숲속에 웬 오리인가 했습니다. 가서 보니 진짜 오리가 아니었습니다. 오리를 닮은, 이른바 '꽃 오리'인 겁니다. 하얀색 엉덩이에 연한 분홍빛이 물들었으니 더 오리같이 보였습니다. 보면 볼수록 더 그랬습니다. 마치 사람 피하는 오리처럼 슬며시 뒤뚱뒤뚱 걷는 모양새입니다. 조 작가가 왜 장난스럽게 "오리다!"를 외쳤는지 알 것 같았습니다. 이름이 왜 신범인지 그 박사에게 물었습니

다. 돌아온 답이 생김만큼이나 의외였습니다.

"진범을 진교라고도 부릅니다. 사실 이름 때문에 말이 많아요. 원래는 진교秦艽인데, 교艽를 비슷한 한자 봉艽으로 잘못 적어 진봉秦艽이 되고, 또 이를 범凡으로 잘못 읽어 진범秦凡이 되었다는 설이 있습니다. 한방에서는 여전히 '진교'라고 부릅니다. 오리처럼 귀엽지만 맹독성 식물입니다. 약이라며 함부로 먹었다간 낭패 본다는 얘기이죠. 한 가지 더 진범에게 속으면 안 되는 게 꽃잎은 꽃잎이 아닙니다. 꽃받침조각입니다. 진짜 꽃잎은 두 개인데 꽃받침 속에 숨어 있어요."

진범에 얽힌 이야기가 흥미진진합니다. 하지만 사진을 찍으면서 좀 아쉬웠던 점이 있습니다. 이 친구들을 진즉에 못 만난 게 못내 아쉽습니다. 9월 중순에 만난 터라 시기가 좀 늦되었습니다. 이미 앵글 오른쪽과 앵글을 벗어난 부분에 꽤 씨앗이 맺힌 게 보입니다. 씨앗이 맺히기 전에 만났으면 수많은 오리가 줄지어 가는 모습을 볼 수 있었을 텐데요.

아쉬우니 또 이리 찍고, 저리 찍고 하게 됩니다. 이 모습에 조작가가 한마디 했습니다.

"진범 잡았으면 이제 갑시다."

볼멘소리로 답했습니다.

"잡은 게 진범 아닌 거 같은데요."

흰진범

◎ 분류: 미나리아재비과

◎ 서식지: 중부 이북 산지

초오속이 그렇듯 진범, 흰진범 모두 맹독성이다. 얼마 전 뿌리를
캐서 술을 만들어 마시고 목숨을 잃은 사건도 있듯이 산의 식물
은 함부로 손댈 일이 아니다. 진범은 자주색, 흰진범은 흰색인데
모두 전국 산지에서 만날 수 있으나 경기도, 강원도에 주로 분포
하며 진범이 더 귀하다. 둘 다 우리나라 고유종이다.

함께 보면 좋은 꽃

진범

모양은 거의 흡사하나 꽃 색이 보라색이나.

로마 병정의 위용을 닮은 꽃

〈조선 명탐정: 각시투구꽃의 비밀〉이란 영화를 본 게 10여 년 전입니다. 당시 각시투구꽃과 투구꽃을 찾아봤습니다. 보는 순간 왜 투구꽃인지 단박에 와닿았습니다. 로마 병사의 투구, 딱 그 생김과 흡사했습니다. 그 생김은 오래 각인되었습니다. 우리 들꽃을 만나고 찍으면서 늘 어렵게 여겨지는 게 이름입니다. 찍고 돌아서면 잊기 십상입니다. 그만큼 이름이 독특하고 추상적이라 더 그렇습니다. 그런데 투구꽃은 희한하게도 오래도록 잊히지 않았습니다.

10여 년 지나 금대봉 능선에서 마주쳤을 때 단박에 알아봤습니다. 당시 이미지 검색으로 한 번 봤을 뿐인데도 말입니다. 게다가 빽빽한 풀숲 사이 먼빛시에 있는데도 알아챘습니다. 10년

▲ 흰색 투구꽃: 흰색은 귀하다.
강원도 깊은 산에서 자란다.

의 기억과 싸워 이길 정도로 강한 인상을 남긴, 투구를 쓴 꽃인 겁니다.

사진 찍으려 풀숲을 헤치고 들어갔습니다. 가까이서 본 투구꽃은 더 확연한 투구입니다. 강력한 여름 햇살 받은 터라 꽃 잎맥(꽃잎처럼 보이는 꽃받침)이 툭툭 불거졌습니다. 줄기와 잎의 솜털마저 팔 근육 솜털처럼 곧추선 듯 보입니다. 게다가 가운데 친구는 얼굴 형상마저 보입니다.

투구 쓴 병사, 빛과 그림자가 만들어 낸 형상이 심상을 불러일으킵니다. 어쩌면 이것이 사진의 근간일 겁니다. 그래서 사진가는 늘 빛을 보고 그림자를 읽습니다. 투구 쓴 병사가 좀 더 잘 보이게끔 앵글을 찾고 있는데 조 작가가 한마디 툭 던졌습니다.

"걔들이 행군도 하는 거 알아요?"

"무슨 턱도 없는 말씀을…"

"진짜로 한다니까요."

빨리 찍고 나와 금대봉 행군을 계속하자는 농담이겠거니 했습니다.

"투구꽃의 덩이뿌리는 임무를 마친 후 썩어 없어져요. 그 후 이듬해 옆에서 난 뿌리에서 새로 싹이 나죠. 그러니 아주 미세하지만 매년 조금씩 움직이는 겁니다. 무척 더디지만, 행군은 행군이죠."

터 잡은 자리를 조금씩 옮기며 살아내는 게 그들의 생존 방식인 겁니다. 새 땅의 새 양분을 얻고자 하는 전략인가 봅니다.

사실 이 친구는 뿌리로 사약을 만들 정도로 맹독성입니다. 화살촉에 발라 전투에 사용하기도 했고요. 혹여 오가다 투구 쓴 꽃을 만나면 웬만하면 건드리지 말아야 합니다. 꽃말조차 '나를 건드리지 마세요'이니까요.

투구꽃

◎ 분류: 미나리아재비과
◎ 서식지: 전국 산지

천남성, 진범, 투구꽃은 3대 맹독성 야생화로 유명하다. 모양을 눈에 새겨 조심하도록 해야 한다. 전국 산지 그늘에서 어렵지 않게 만날 수 있다. 그래도 만날 때마다 기분이 좋아지는 꽃이다.

함께 보면 좋은 꽃

놋젓가락나물
투구꽃보다 꽃이 조금 작으며 줄기가 덩굴처럼 굽었다

곱디고운 한복처럼

이름만으로 곱다는 느낌이 먼저 옵니다. 그런데 살아가는 삶을 보면 숨이 턱 막힙니다. 이들은 바위에 붙어 삽니다. 우리나라에서 가장 유명한 바위 꽃 셋을 꼽으라면 첫 번째가 동강할미꽃, 두 번째가 분홍장구채, 세 번째가 둥근잎꿩의비름입니다. 이른바 우리나라 3대 바위 꽃입니다. 기구하게도 셋 다 멸종위기종이거나 멸종위기종이었죠. 바위에 붙은 한 줌 흙에 기대어 살아내는 그 생명력, 그래서 더 처연하고, 그래서 더 아름답습니다.

분홍장구채라는 이름을 얻은 건 줄기와 열매가 장구채랑 비슷하게 생겼기 때문입니다. 사진을 찍으며 살펴보니 숫제 꽃술 하나하나도 장구채 모양입니다.

꽃술이 제대로인 친구를 수색했습니다. 그런데 대체로 꽃이 끝물입니다. 이 친구를 만난 날이 9월 11일입니다. 국가생물종지식정보시스템엔 10~11월에 피는 꽃이라 되어 있습니다. 검색해 보니 대체로 8월에 피고 9월에 지기 시작합니다. 지난해도, 그 지난해도 기록이 있습니다. 자연의 생태가 반영된 정보가 덧붙여졌으면 하는 바람입니다.

수색 끝에 그나마 꽃술이 제대로인 친구를 찾았습니다. 마침마른 이끼류 덕지덕지한 바위에 기대어 홀로 핀 채였습니다. 바위가 분홍장구채의 삶을 대변해 주니 금상첨화입니다.

분홍장구채 사진을 찍으러 가는 분께 당부드립니다. 가능하면 바위를 타지 말아야겠습니다. 사람의 손과 발에 의해서도 바위가 부서지고 갈라집니다. 우리에겐 그냥 돌이겠지만 그들에겐 삶터입니다. 그들의 삶터를 지켜주는 일이 그들을 지키는 일입니다.

분홍장구채

◎ 분류: 석죽과

◎ 서식지: 경기도 이북 깊은 산지

장구채도 식구가 많다. 장구채, 양장구채, 갯장구채, 가는장구채
부터 고산 정상에 올라가야 보는 귀한 가는다리장구채까지…
수많은 장구채 중에서 분홍장구채가 가장 아름답고 귀하다.

함께 보면 좋은 꽃

가는장구채
전국 산지의 반그늘에서
자라며 9월에 개화한다.

가는다리장구채
7월에 꽃이 피며 고산
정상 부근에서 만날 수 있다.

도라지꽃보다 청초한 아름다움

화악산 입구에서 초롱꽃을 만나 사진을 찍었습니다. 초롱꽃은 초롱 닮은 모양새 때문에 볼 때마다 그냥 지나치지 못합니다. 눈길로만 스치기보다 꼭 사진을 찍게 되는 게 초롱꽃입니다. 이후 산 깊숙이 들어갔습니다.

울창한 여름 숲에서 초롱꽃 닮은 친구를 만났습니다. 유난히 옅은 하늘색이 고운 친구였습니다. 초롱꽃을 닮았지만 이 친구의 꽃부리가 더 넓습니다. 초롱꽃 화관이 원통형이라면 이 친구는 원뿔형에 가깝습니다. 앞서간 조 작가를 불렀습니다. 되돌아온 조 작가가 "오! 놀라워라"라며 꽃에 대해 알려줬습니다.

"도라지모시대네요. 초롱꽃과라서 모시대이지만, 꽃이 도라지와 비슷해 노라시ㅗ시네리고 쉽ㅣㅏ.ㅂ 들 0위에 피늠歩

인데 놀랍게도 7월 초에 폈네요. 희귀종으로 분류되는 친구예요. 워낙 씨앗 발아율이 낮은 편이라서 번식도 잘 안 되는 데다 약초로 쓴다며 캐 가기도 한다죠. 귀하게 지켜야 할 친구입니다."

소 뒷발질로 뭐 잡은 격입니다. 초롱꽃과 비슷하여 눈에 띈 친구인데 귀한 친구였던 겁니다. 철 이르게 이제 막 핀 친구라 꽃도 깨끗합니다. 한 줄기에 모두 네 송이 꽃이 맺혔습니다. 특이하게도 제일 위와 아래 친구만 꽃부리를 열었고 가운데 둘은 봉오리 상태입니다. 한 줄기에 함께 있어도 피고 지는 건 이렇듯 다릅니다.

핸드폰으로 일단 사진을 한 장 찍었습니다. 그리고 액정을 확대하여 꽃을 세세히 살폈습니다. 이는 꽃 사진을 찍으며 생긴 새로운 버릇입니다. 꽃술은 어떻게 생겼는지, 꽃받침은 어떤 모양인지 요모조모 살핍니다. 눈으로 보는 것보다 세세하게 꽃을 볼 수 있으니까요.

확대해서 보다가 재미있는 걸 찾았습니다. 줄기와 꽃받침 사이에서 사랑을 나누고 있는 곤충 한 쌍입니다. 사진 찍을 때 안 보였던 걸 확대해서 보다가 찾은 겁니다. 행여나 날아가 버릴까 하여 재빨리 앵글을 다시 잡았습니다. 다행히도 이 친구들의 사랑이 깊었나 봅니다. 사람은 있건 없건 아랑곳없이 사랑에만 열중하더군요. 그 친구들이 잘 보이게끔 좀 더 클로즈업했습니다. 그리고 몽환적인 분위기를 더하기 위해 빛 망울이 배경이 되게끔 만들었죠.

셔터에서 손을 떼는 순간 지나가던 벌 한 마리도 덩달아 찍혔습니다. 나중에 꽃말을 찾아 확인하는 순간 홀로 웃음이 터졌습니다. 꽃말이 '영원한 사랑'입니다.

도라지모시대

◎ 분류: 초롱꽃과
◎ 서식지: 높고 깊은 산지

모시대, 잔대와 비슷하면서도 조금씩 달라 구분이 쉽지 않다. 그
중 도라지모시대가 제일 크고 귀하며 우리나라 토종이다. 모시
대, 잔대, 층층잔대 등은 인근 산에서 어렵지 않게 만날 수 있다.
잔대는 모시대보다 꽃이 작고 암술이 길게 나왔다.

함께 보면 좋은 꽃

잔대
꽃이 줄 모양에 비스우며
꽃술이 길게 나왔다.

층층잔대
꽃이 층층이 넓게 피었다.

어부의 꽃

"참닻꽃은 꼭 봐야 합니다." 이른 봄부터 시시때때로 조 작가가 한 말입니다. 대체 왜 그토록 조 작가가 오매불망했을까요? 장마 그친 8월 중순, 화악산으로 발길을 옮겼습니다. 화악산은 경기도 가평군과 강원도 화천군에 걸쳐 있는데, 경기도에서는 가장 높은 산입니다. 그런데 조 작가가 20여 분이면 참닻꽃이 있는 곳에 갈 수 있다고 했습니다.

가벼운 마음으로 산에 올랐습니다. 그런데 아무리 가도 꽃이 나타나지 않습니다. 거의 정상까지 올랐습니다만, 꽃은 눈 씻고 봐도 없습니다. 가벼운 마음으로 올라 물 한 병, 사탕 하나 챙기지 않은 터입니다. 하필 경기도에서 가장 높은 산인 데다 장마 뒤끝이라 무척 후텁지근했습니다. 지쳐 쉴 마음도 없이 산에

서 내려와야 했습니다. 내려와서 참닻꽃을 찾고 내려오는 사람을 만났습니다.

아뿔싸였습니다. 우리가 오른 길과 다른 길이었던 겁니다. 기진맥진한 상태였지만, 꽃이 있는 걸 확인했으니 또 산으로 올랐죠. 한참을 오른 후에야 참닻꽃을 찾았습니다. 많은 사람들이 오가는데 하나같이 참닻꽃을 찾는 사람들입니다. 대체 참닻꽃이 뭐길래 이 깊은 데까지 올라와서 찾을까요?

어렵사리 찾은 꽃, 참 희한하게 생겼습니다. 가녀린 줄기에 올망졸망한 꽃이 수두룩하게 달렸습니다. 줄기가 하도 가녀린 터라 파도 탄 듯 흔들립니다. 그렇지만 한여름 열기와 땡볕을 온몸으로 받으면서도 고운 자태를 잃지 않았습니다. 어떻게든 꽃을 찾았기에 신난 조 작가가 꽃 이야기를 들려줬습니다.

"내가 아는 한 꽃 모양이 제일 신기한 꽃이에요. 꽃잎이 뿔처럼 네 개가 있어요. 이 모양을 자세히 보면 정말 닻처럼 생겼어요.

그래서 닻꽃이죠. 꽃말도 '어부의 꽃'이에요. 문헌에 보면 지리산, 양구, 인제에도 있다고 하는데 실제로 그런 데서 본 사람은 거의 없어요. 오로지 화악산에서만 볼 수 있는 꽃입니다. 온난화 탓에 점점 사라지고 있는데요. 환경부 지정 멸종위기 2급 식물입니다. 2019년까지는 이름이 닻꽃이었는데 2020년 유전자 검사를 통해서 우리나라에만 있는 특별한 꽃이라고 결론을

내렸나 봅니다. 그래서 이름을 참닻꽃으로 바꿨어요. 그러니까 우리나라에만 있는, 그래서 더 소중한 우리 꽃이 되었습니다.”

참닻꽃 사진은 닻 모양이 잘 드러나게끔 찍는 게 관건입니다. 꽃이 다소 복잡하게 달린 터라 닻 모양이 잘 도드라지지 않습니다. 게다가 산을 헤맨 후 찾은 터라 이미 해가 중천입니다. 중천에서 내리쬐는 강한 햇살은 꽃에 짙은 그림자를 만듭니다. 복잡한 꽃에다 꽃 그림자까지 짙으니 더 어지럽게 보입니다.

궁리 끝에 숲 그늘에 든 꽃을 찾았습니다. 빛이 직접 닿지 않으니 그나마 꽃이 선선하게 보입니다. 게다가 배경을 비워두 시

택했는데, 마침 그 모양이 배 조종실처럼 절묘하게 보입니다. 이렇게 앵글을 잡고 보니 복잡한 꽃이 단순 명료해졌네요. 그제야 닻 모양이 도드라진 어부의 꽃이 되었습니다.

참닻꽃

◎ 분류: 용담과
◎ 서식지: 화악산

8월에 우리나라 화악산에만 있는 멸종위기종이다. 그것만으로도 귀하지만 직접 만나면 신기한 모습에 혀를 내두르고 만다. 지구온난화의 영향으로 자생지가 점점 줄어들어 안타까운 꽃이다.

금강산에 초롱을 밝혀두면?

'금강'이라는 이름에는 '으뜸'이라는 뜻이 있습니다. 그러니 초롱꽃의 으뜸은 금강초롱꽃입니다. 조 작가는 금강초롱꽃 중에서도 화악산의 것이 가장 진하다고 합니다. "금강초롱꽃을 보려면 화악산을 가야 한다"라는 게 거의 정설이라고 하네요.

실제로 보니 말로 표현할 수 없을 만큼 오묘한 색입니다. 그래도 구태여 한마디로 표현을 해야 한다면 '깊디깊은 보라'입니다. 그 깊디깊은 보라가 숲에 든 빛을 받은 채 하늘거리면, 초롱이 온 숲을 불 밝히듯 초롱초롱합니다.

금강초롱꽃은 우리나라에만 있는 꽃입니다. 하지만 안타깝게도 학명에 일본명이 들어가 있습니다. 그 이유가 뭘까요? 조

"얘가 우리나라밖에 없는데도 학명에 하나부사야Hanabusaya라는 일본명이 들어가 있어요. 나카이Nakai라는 일본 사람이 발견했거든요. 우리나라에서 식물 연구의 토대가 갖춰지지 않았을 때니 그리된 겁니다. 그래서 북한에서는 학명에다 하나부사야 대신 '금강사니아Keumkangsania'를 넣어서 이름을 새로 지었다는데, 그래도 학명은 국제 통용어이기 때문에 인정을 못 받아요.

일본색을 벗어나고픈 마음이야 이해하지만 이미 등록된 학명은 어찌 할 방도가 없습니다. 아무튼 1속 1종, 우리나라에만 있는 꽃입니다. 워낙 귀하고 남획도 심해서 더더욱 보호해야 하는 우리 꽃이죠."

학명에 일본명이 있으니 속이 편치 않지만, 우리 꽃임에는 한 치도 틀림이 없습니다.

금강초롱꽃 사진의 관건은 초롱이 도드라지게 하는 겁니다. 숲을 비집고 들어온 빛이 닿을 땐 꽃이 저절로 초롱이 되지만, 빛이 닿지 않을 땐 꽃이 제대로 드러나지 않습니다. 색이 짙어도 너무 짙은 보라이기에 숲에 묻히는 탓입니다.

숲 그늘에서 홀로 고고한 친구를 찾았습니다. 그 친구에게 빛이 들기를 고대하며 하염없이 기다렸습니다. 바람마저 잠잠하던 숲에 건듯 바람이 입니다. 이때입니다. 바람에 흔들린 나뭇잎 사이로 든 빛이 꽃 사이로 꽂으ᄀ구 비미허쉬ᇬᅵ다.

가장 먼저 할 일은 호흡을 멈추는 겁니다. 행여나 갑자기 든 빛에 달떠 호흡이 흔들리면, 몸도 흔들리고 손가락도 흔들리게 됩니다. 이러면 십중팔구 포커스가 안 맞거나 흔들린 사진이 찍히게 마련입니다. 일단 호흡을 멈춘 후, 한 치의 흔들림 없이 카메라 셔터에서 손을 뗍니다. 그게 다입니다. 하염없이 빛이 들기를 기다리는 것과 셔터 누른 손을 떼는 것, 그것이면 됩니다.

금강초롱꽃

◎ 분류: 초롱꽃과
◎ 서식지: 경기도 이북 고산

경기도 이북에서도 1,000미터 이상 고산에서만 만날 수 있다. 초롱꽃은 전국 어느 산에나 있고, 섬초롱꽃은 울릉도 자생의 원예종으로 화단에서 쉽게 만날 수 있다.

함께 보면 좋은 꽃

초롱꽃
꽃이 흰색, 미색에 가깝다.
6월에 꽃이 피다

섬초롱꽃
꽃은 자줏빛에 작은 점이 많다.
6월에 꽃이 핀다.

고산을 호령하는 산지킴이

봄꽃과 달리 여름꽃은 해발 1,000미터 이상 올라야 눈에 잘 띕니다. 왜 그럴까요? 높은 산 정상엔 큰 나무가 없어서 우거진 녹음을 피할 수 있기 때문이죠. 그래서 오르고 오르는 곳이 고산 능선입니다.

산비장이도 하늘 탁 트인 산 능선에서 만났습니다. 저 멀리 자줏빛 어른거림이 보였습니다. 제아무리 먼발치라도 눈에 띌 수밖에 없는, 가서 안 보고는 못 배길 자줏빛입니다.

우거진 잡풀 사이에서 불쑥 솟아 낭창낭창했습니다. 사람 키만 한 녀석이 낭창거려서 바람 탓이려니 했는데 가만히 보니 꼭 바람 탓만은 아닌가 봅니다. 꽃 하나에 숱한 나비가 날아드는 게 보였습니다. 어쩌면 바람이 아니나 나비가 꽃의 미음은 건드

는지도 모르겠습니다.

얼른 사진 찍을 채비를 했습니다. 무턱대고 덤벼들었다간 나비가 날아가 버릴 테니 미리 준비해서 한 방에 찍어야 합니다. 셀카봉에 핸드폰을 연결합니다. 나비를 찍어본 경험에 의하면, 그들에겐 물리적인 거리가 있습니다. 어느 정도 거리까진 두고 봅니다. 그러다 어느 선을 넘어서면 사정없이 날아가 버립니다. 하지만 셀카봉에 연결한 핸드폰이 다가가면 잘 안 날아갑니다. 성공 확률이 비교할 수 없을 만큼 높아지죠.

준비를 끝낸 후 살금살금 다가갔습니다. 한 꽃에 앉은 나비가 모두 셋입니다. 일단 날아가 버릴까 하여 급하게 한 장 찍었습니다. 다행히 하나도 날아가지 않습니다.

이렇게 한 장 성공하고 나면 좀 더 과감해집니다. 더 다가가고, 더 여유 있게 상황을 기다리게 되죠. 그런데 기다리던 중 핸드폰 통신 장애가 발생했습니다. 핸드폰과 블루투스로 연결된 셀카봉 리모컨이 작동불능이 된 겁니다. 이젠 별다른 방법이 없습니다. 직접 다가갈 수밖에요. 멀리서 손줌을 하지 왜 사서 고생이냐고요? 손줌으로 찍은 사진과 다가가 찍은 원본 사진 데이터는 수십 배 차이가 납니다. 그만큼 화질 차이가 나니 다가가서 찍는 겁니다.

사진 한 장이 나은 법이니까요. 손줌보다 발줌입니다.

숨죽이고 살금살금 다가갔습니다. 한 장 찍고 또 과감하게 전진, 또 한 장 찍고 더 전진, 그렇게 해서 셀카봉이 다가갔던 곳까지 거의 갔습니다. 그런데도 희한하게 이 친구들이 도망을 가지 않습니다. 도망은커녕 자세까지 바꿔가며 포즈를 취해줍니다. 덩달아 등에도 꽃 찾아 날아듭니다. 산비장이꽃이 뭇 생명의 급식소인가 봅니다.

그나저나 아무리 찍어도 자기들 식사에만 신경 쓰지, 사진 찍건 말건 아무 신경을 안 쓰는 것 같습니다. 괜스레 불면 날아갈까 봐 마음 졸였습니다. 혹시 이 친구들이 날 사람 취급 안 한 건 아닐까요?

산비장이라는 이름은 조선의 무관 벼슬인 '비장裨將'에서 따왔다고 합니다. 호위를 맡은 관직으로, 소설『배비장전』의 그 비장입니다. 능선에 우뚝 선 친구들이 산을 호위하듯 하니 비장 관직을 산비장이에게 줬나 봅니다. 어쩌면 나비들이 비장의 호위를 받으니, 사람을 사람 취급 안 한 건 아닐까요?

산비장이

◎ 분류: 국화과

◎ 서식지: 전국 고산

꽃은 엉겅퀴를 닮았지만 잎이 국화처럼 부드럽고 갈라졌다. 꽃을 잘 모를 경우 각시취, 고려엉겅퀴 등을 산비장이로 오인하기도 하지만 엄연히 다른 꽃이다. 잎을 관찰하는 습관을 길러보자.

함께 보면 좋은 꽃

각시취

8월에 꽃이 피며
잎이 가늘고 부드럽다.

고려엉겅퀴

흔히 곤드레나물이라 부르며
꽃은 엉겅퀴와 비슷하지만
잎이 엉겅퀴처럼 갈라져 있지만

정영엉겅퀴

고려엉겅퀴와 비슷하나
꽃이 흰색이다.

두 가지 색의 아름다운 여름꽃

"우와!" 강원도 홍천의 어느 산에서 우연히 백부자를 발견한 조 작가의 일성입니다. 야생에서 백부자 꽃을 보는 건 쉽지 않습니다. 귀한 약초라서 남획이 심합니다. 오죽했으면 멸종위기 2급 식물로 지정되었을까요. 백부자에 대해 일자무식인지라 조 작가의 설명부터 들었습니다.

"영화 〈서편제〉를 보면, 딸 소화를 못 나가게 하려고 아버지가 약을 달여서 먹입니다. 그리하여 결국 소화를 장님으로 만드는데 그때 먹인 게 부자였어요. 아마도 백부자일 겁니다. 이게 맹독성 식물입니다."

요컨대 맹독성 식물인 데다 슬픈 이야기를 담고 있는 백부자인 겁니다. 딸을 눈멀게 한 이야기를 듣고 보니 꽃이 짠합니다

독성이 강하다 해도 꽃은 꽃입니다.

색은 흰색에 옅은 연두가 비치는 것이 미묘합니다. 생김도 참 오묘합니다. 작은 투구꽃을 닮았습니다. 투구꽃이 로마 병사의 투구라면 백부자 꽃은 〈스타워즈〉의 외계군단 투구 같습니다. 백부자는 노랑돌쩌귀라고도 불립니다. 돌쩌귀는 한옥의 여닫이 문을 연결하는 암수 쇠붙이를 말합니다. 아마도 꽃 생김이 그 돌쩌귀를 닮은 데서 얻은 이름인가 봅니다.

꽃 안을 가만히 들여다봤습니다. 수많은 수술이 올망졸망 들어앉아 있습니다. 그 모습 그대로 아름답기 그지없습니다. 백부자가 강한 독성을 안으로 감추고 있듯 투구 닮은 꽃에도 비밀이 감춰져 있습니다. 꽃처럼 보이는 투구는 꽃받침입니다. 꽃잎은 안쪽에 숨겨져 있는데 꿀샘이 되었다고 합니다. 마침 개미 한 마리가 들락날락합니다. 꿀샘을 찾아온 것이겠죠.

이날 정말 운 좋게 자주색 백부자도 만났습니다. 토양에 따라서 자주색이 나타나기도 합니다. 같은 백부자인데 뿌리 내린 토양에 따라 미색, 자주색 꽃이 핀다 하니 신비롭습니다. 자주색 꽃 아래 막 맺은 몽우리는 연두색이었습니다. 이 아기들도 오래지 않아 자주색으로 변할 겁니다.

백부자 사진을 찍으며 무엇보다 고민한 부분이 꽃 속입니다. 비밀스럽게 꽃받침 잎으로 싸인 속을 핸드폰 카메라로 찍는 게 여의치 않습니다. 투구 모양에 집중하면 속은 시커멓게 나오고, 속에 집중하여 꽃술이 밝아지게끔 하면 투구가 질감 없이 사라져 버립니다. 해결책은 어김없이 손전등입니다. 모든 꽃에 빛을 넣어줄 수는 없습니다. 외계군단 전투병과 가장 닮은 친구를 골랐습니다. 그 안에 손전등을 비췄습니다. 감춰진 외계의 비밀이 드러나듯 백부자의 비밀스러운 꽃 속이 카메라에 맺혔습니다.

백부자

◎ 분류: 미나리아재비과

◎ 서식지: 중부 이북

초오속의 식물은 이름도 모양도 복잡하다. 우리나라에만도 15종 정도가 있으며 그중 백부자는 멸종위기에 몰릴 정도로 귀하다. 초오속이기에 역시 맹독성이다. 미색과 자주색 꽃이 피는데 자주색이 조금 더 만나기 어렵다.

함께 보면 좋은 꽃

노랑투구꽃

꽃은 집법을 닮았으나 줄기가 곧다.

가을의 여왕, 꽃의 여왕

쑥부쟁이와 구절초를

구별하지 못하는 너하고

이 들길 여태 걸어왔다니

나여, 나는 지금부터 너하고 절교絶交다!

안도현 시인의 〈무식한 놈〉이라는 시입니다. 가을이면 우리 들녘을 수놓는 들국화인 쑥부쟁이와 구절초, 안도현 시인의 시 덕분에 겨우 '무식한 놈'은 면했습니다. 참! 흔히 들국화라 부르는 이 식물은 식물학상에는 없다고 합니다. 국가생물종지식 정보시스템에서는 들국화를 이렇게 설명했습니다

▼ 설악산의 구절초: 설악산 특유의 산세와 어울려 색다른 매력이 있다.

 "우리나라에서 흔히 들국
화라고 하는 자생식물에는
구절초를 일컫는 것이 보통
이나 감국, 산국, 쑥부쟁이,
개미취 등의 국화과 식물들
을 총칭한다. 흔히 일반인이
들국화라고 부르지만, 들국화라는 식물은 없다."

설명을 보고 나니 섭섭한 마음이 듭니다. 오랜 세월 마음에
담고 살아온 들국화. 들국화로 인해 품어왔던 아련함, 소담함,
정겨움, 강인함, 고움이란 감성들이 깡그리 상처받는 느낌입니
다. 그래도 식물학상엔 없다지만 제 마음엔 여전히 남겨두렵니
다. 어떻게 쌓아온 느낌인데 단박에 버릴 수는 없죠.

5월에 설악산을 오르며 조 작가가 가을에 구절초를 보러 오
자고 했습니다. 조 작가 삶에서 가장 아름다운 꽃이 구절초이
며, 설악산 바위에 붙어 사는 구절초보다 아름다운 구절초는 본
적 없다고 했습니다. 상상만으로도 그림이 그려집니다. 바위에
뿌리 내린 채 드센 설악산의 바람을 버티며 하늘거릴 그 삶이…

애석하게도 가을 구절초를 위한 설악산 등반은 끝내 성사되
지 못했습니다. 아쉬움 때문인지 희한하게도 구절초가 눈에 자
주 띕니다. 서울 도심에도 공터, 화단, 천변에 두루두루 터 잡으

채 살아내고 있습니다. 회사 근처 빌딩 화단에도 구절초가 제법 폈습니다.

그런데 이 친구들 자세히 보니 유난히 바람을 탑니다. 터 잡은 곳이 하필 빌딩 숲 사이 바람길인 겁니다. 이러니 도통 잠잠할 새가 없습니다. 차라리 바람 든 구절초 사진을 찍어보자 싶었습니다. 설악산의 구절초를 떠올리면서요.

어둑할 무렵 이 친구들과 마주했습니다. 왜 하필 빛 좋은 시간 젖혀두고 어둑할 무렵일까요? 일부러 빛이 부족한 시간을 택하여 카메라 셔터 스피드를 느리게 설정했습니다. 핸드폰 카메라 수동 모드를 택하니 셔터 스피드가 20분의 1초입니다. 이 정도이면 바람에 흔들리는 구절초를 찍기에 적절합니다.

여기서 핵심은 많이 찍는 겁니다. 자연이, 바람이 하는 일이니 사람은 셔터 누르는 것 외에 할 일이 없습니다. 바람의 세기와 방향에 따라 천차만별인 사진이 나옵니다. 그러니 일단 찍고 그중에서 마음에 드는 사진을 고르는 것이 최선입니다. 물론 휴지통으로 수많은 실패작이 직행하겠지만, 구절초에 분 바람이 찍힌 사진이 있을 겁니다. 사진 안에도 분명 바람은 붑니다.

구절초

◎ 분류: 국화과

◎ 서식지: 전국 산야

9월 9일에 뜯어야 약효가 좋다고 해서 구절초이다. 들국화 중에
서는 제일 우아하고 기품 있다. 포천구절초, 산구절초, 바위구절
초 등 종류가 다양하다지만 구분할 필요는 없다. 야생 국화만 해
도 10여 종이 넘는다. 쑥부쟁이, 개쑥부쟁이, 산국, 감국처럼 비
슷한 꽃도 있지만 눈여겨보면 구분이 아주 어렵지는 않다.

함께 보면 좋은 꽃

쑥부쟁이

꽃이 보라색이다. 꽃받침이 가지런하면 쑥부쟁이,
기린면 개쑥부쟁이다.

누린내풀

냄새보다 미모입니다

누린내풀을 본 것은 조 작가의 텃밭이었습니다. 강원도 가평 오지에 작은 텃밭을 만들어 놓고 매주 휴일에 가서 농사를 짓는 곳이죠. 지난주에 심었다는 배추 모종이 귀엽게 날갯짓을 하네요. 꽃을 사랑하는 사람답게 주변에 야생화가 많고 또 심어놓은 꽃도 많습니다. 그런데 그 귀하다는 누린내풀이 이곳에선 잡초 취급을 받습니다. 여기도 누린내풀, 저기도 누린내풀입니다.

"여기가 연인산 자락이에요. 예전에는 누린내풀을 보러 일부러 양평 용문산이나 가평 화악산을 찾기도 했는데 이젠 아예 집 마당 꽃처럼 거느리고 삽니다."

조 작가가 기분 좋은 듯 허허 웃습니다. 우선 이 친구들 생김 이 ㅍㅎ ㅣㄷ, ㄱ궤ㅅ ㅈ ㅎ자기기 ㅔ친ㅁㅓ ㅇ매ㅂㅁ께게ㅅ ﹤

"꽃이 참 재미있게 생겼죠? 여기 꽃부리 밖으로 길게 뻗어나온 게 암술대와 수술대입니다. 이게 활처럼 휘어진 어사화御賜花를 닮아 어사화라고도 합니다."

그러고 보니 드라마에서 봤던 암행어사의 어사화와 영락없이 닮았습니다. 그런데 꽃 이름은 왜 누린내풀일까요?

"누린내, 즉 역겨운 냄새를 풍긴다고 해서 누린내풀이에요. 꽃이 만개할 무렵 냄새가 더 고약해집니다. 냄새도 곤충을 유혹하기 위한 이 친구들의 생존 전략이죠."

냄새를 맡아보았습니다. 끝물이라 그런지 역한 냄새가 나지 않았습니다.

아무래도 사진의 관건은 암술대, 수술대가 어사화처럼 보이게끔 하는 겁니다. 꽃 정면에서는 그 느낌이 약합니다. 옆에서 보아야 영락없는 어사화입니다. 생생한 꽃을 골라 옆에서 포커스를 맞췄습니다. 그런데 전반적으로 생기가 돌지 않습니다. 사진이 시원찮으니 고개만 갸웃거리게 됩니다.

그러다 눈에 확 띄는 친구를 찾았습니다. 만개한 꽃 한 송이와 몽우리 한 송이입니다. 서로 등진 이 둘의 모양새가 꼭 말의 머리와 꽁지처럼 보였습니다. 그 자체로 말 모양이 연상된 겁니다. 어디 가서 말 탄 암행어사라 우기면 한 번은 웃을 수 있는 사진은 신선 조합이니 이때 말 탄 암행어사라 보입니다?

  이 친구의 꽃말을 찾아보니 '내 이름을 기억하세요'입니다.
이 친구도 아나 봅니다. 사람늘이 이름은 잊고 어사화만 기억한
다는 사실을… 어사화만 기억하지 말고 이름까지 기억해야겠
습니다. 이름은 누린내풀입니다.

누린내풀
◎ 분류: 마편초과
◎ 서식지: 전국 산지 기슭

이름과 달리 더없이 아름다운 꽃이다. 1미터에 달하는 전체 모습
도 독특하고 꽃송이 하나하나의 모습도 특별하다. 꽃과 잎을 만
지면 누린내가 난다고 해서 누린내풀이다. 냄새가 역해 꽃보다
냄새로 먼저 알아볼 수 있다.

새색시같이 고운 연분홍 꽃

바람도 없는데 몹시 흔들리는 분홍 꽃에 눈길이 갔습니다. 새색시 저고리처럼 색 고운 꽃인데 유독 가운데 암술, 수술 부분이 거무튀튀했습니다. 자세히 보니 곤충 대여섯이 붙어 있습니다. 500원 동전만 한 꽃에 있으니 그리도 흔들렸던 겁니다.

   핸드폰 카메라를 꺼내 사진을 찍어도 아랑곳없습니다. 한 꽃에 대여섯 곤충이니 눈으로 보기에는 신기합니다만, 사진으로 확인하니 신기함은 온데간데없고 무섭기까지 합니다.

   좀 더 멀리서 앵글을 다시 잡았습니다. 꽃 뒤쪽으로 다른 가시에서 닌 두 송이 꽃이 보입니다. 이미 수정을 마쳐 꽃잎은 떨어지고 꽃술만 남았습니다. 꽃 아래엔 아직 벙글어지지 않은 몽

이 친구의 이름은 둥근이질풀입니다. 이질痢疾을 치료하는 데 쓰인 약초라서 이질풀이며, 이질풀보다 잎이 둥글다 하여 둥근이질풀입니다. 이름이 다소 섬뜩합니다만, 꽃말이 '새색시'일 정도로 꽃이 곱습니다. 꽃만 클로즈업해서 보면 색 곱고, 암술과 수술이 봉긋하고, 붉은 꽃 잎맥이 선명합니다. 여느 꽃과 비교해도 안 빠지는 친구입니다만, 이질痢疾이라는 이름 때문에 덜 귀한 대접을 받습니다.

사실 책에 게재할 사진을 선택하며 그 어떤 꽃보다 고민을 많이 했습니다. 꽃 고운 사진을 선택할 것이냐, 아니면 아름다움은 떨어지지만 그들의 생애가 보이는 사진을 선택할 것이냐. 결국 고운 것을 버리고 생애를 선택했습니다. 애당초 꽃의 아름다움을 찍기 위해 우리 풀꽃을 찾아다닌 게 아닙니다. 그들의 이야기를 잘 전달하기 위해 시작한 일입니다.

사진의 목적이 아름다움을 표현하는 데만 있는 게 아닙니다. 꽃의 내면에 담긴 이야기를 표현하는 것 또한 주요한 사진의 목적입니다. 고백하자면, 늘 이리 말하면서 선택의 순간이 오면 어김없이 또 고민에 빠집니다. 나뿐만 아니라 많은 사진가가 이러할 겁니다. 이건 사진가의 숙명입니다.

"사진가는 고민합니다. 고로 존재합니다."

둥근이질풀

◎ 분류: 쥐손이풀과
◎ 서식지: 전국 고산지대

쥐손이풀, 이질풀, 세잎쥐손이, 큰세잎쥐손이 등 구분이 쉽지 않은 가족이다. 쥐손이풀, 이질풀은 꽃이 손톱만 하고 세잎쥐손이는 그보다 조금 더 크다. 둥근이질풀과 큰세잎쥐손이는 구분이 무의미할 정도로 비슷하다. 높은 산 어디에서나 쉽게 만날 수 있다.

함께 보면 좋은 꽃

세잎쥐손이

꽃 크기가 50원 동전만 하며
세 잎 가운데가 특히 크다.
특별히 크다

이질풀

꽃 크기가 1원 동전만 하며
생김이 비슷해 둥근이질풀을
추수해 놓은 느낌이다.

☆

송장풀

꽃 이름 속단하지 말기

9월 첫날, 천마산 깔딱 고개에서 속단을 만났습니다. 지난 8월 20일쯤 화악산에서 만난 후 또 만났으니 여간 반가운 게 아닙니다. 더욱이 지난번 것보다 더 곱게 꽃 핀 친구이니 핸드폰 카메라를 준비하며 조 작가에게 아는 체했습니다.

"속단을 여기서도 만나네요."

조 작가가 묘한 웃음을 지으며 답했습니다.

"속단하지 마세요."

"속단 맞잖아요."

"아니에요. 속단이 아니라 송장풀이에요."

송장풀이란 말에 조 작가가 장난치는 줄 알았습니다. 고운 꽃에 그런 무시무시한 이름을 쓸 리가 없으니까요. 그런데 그거

찍다 보니 뭔가 다르게 여겨졌습니다.

화관이 속단보다 더 깁니다. 입 벌린 화관이 더 넓습니다. 게다가 위 꽃잎 안쪽에 수술 꽃밥이 훤히 보입니다. 아래 꽃잎 끝은 바깥으로 살짝 뒤집혔습니다. 생김새가 목에서 주둥이까지 긴 코모도 도마뱀 같습니다. 속단은 곧추선 코브라 같으니 서로 생김이 다른 겁니다. 조 작가 말대로 진짜 송장풀인 겁니다.

우선 코모도 도마뱀 형상이 잘 드러나는 앵글을 찾았습니다. 아래에서 올려다보면 영락없습니다. 약간의 눈높이 차이인데도 이렇게 달리 보입니다. 이래서 사진을 '앵글의 예술'이라고 하나 봅니다. 조 작가에게 왜 이름이 송장풀인지 물었습니다.

"이름에 대한 정확한 유래는 없어요. 송장 썩는 냄새가 나서 송장풀이라 한다는 설이 있긴 해요. 그런데 냄새를 맡아보면 그런 냄새가 안 나거든요. 해방 후 우리 식물 책을 만들면서 일본에 대한 분풀이로 그렇게 이름 붙였다는 설도 있긴 합니다. 일본에서 이 꽃을 성스러운 꽃으로 여기거든요. 하지만 이도 정설은 아닙니다. 아무튼 이름의 유래도 속단하면 안 됩니다."

송장풀을 속단이라 속단했다가 조 작가에게 여러모로 놀림감이 됩니다. 꽃도 그렇거니와 사진도 속단하지 말아야겠습니다. 한 가지 앵글로 속단하기보다 여러 앵글로 다양하게 대상을 보며 새로운 세상이 보입니다.

송장풀

◎ 분류: 꿀풀과

◎ 서식지: 전국 산지

송장풀, 속단, 익모초, 석잠풀, 광대수염 등 꿀풀과 식물들은 비슷하게 생겼지만, 잎 모양이 크게 달라 눈여겨본다면 구분할 수 있다. 노루오줌, 계요등, 광릉요강꽃, 쥐오줌풀, 누린내풀 등 이름 때문에 억울하게 손해 보는 꽃들이 있다. 송장풀도 이름과 달리 냄새가 역하지 않고 모습은 아름답기만 하다.

함께 보면 좋은 꽃

속단

송장풀과 비슷하지만
꽃 전체를 털이 감싸고 있다.

익모초

잎이 길고 깊이 갈라졌다.
꽃은 붉은 자주색이나
드물게 흰색도 있다.

광대수염

꽃이 미색이며 잎은
들깨와 비슷하다.
6월에 꽃이 피다

✺

제비동자꽃

전설 속에 피는 꽃

산 숲의 그늘은 도시의 그것과 다릅니다. 하늘 빛이 온전히 남아 있어도 숲 그늘은 밤인 양 어둑합니다. 남은 하늘 빛 믿다가 낭패당하기 십상입니다. 제비동자꽃을 만난 순간이 딱 그랬습니다. 대관령의 하늘 빛은 온전한데 숲은 밤과 다름없었습니다. 함께 숲에 든 조 작가가 근심 어린 투로 말했습니다.

"이렇게 깜깜한데 사진이나 찍을 수 있겠어요? 내일 아침 다시 찾아오조."

아무 염려 말라며 손사래 쳤습니다. 사실 사진을 찍을 때 상황이 언제나 좋지는 않습니다. 뭔가 아쉬운 점이 하나씩은 꼭 나타나게 마련입니다. 핑계 없는 무덤 없듯 핑곗거리가 생기고, 그것을 핑계 삼아 사진 찍기를 일삼아 합니다.

사실 어려운 상황이라고 해서 지레 포기할 일은 아닙니다. 나쁜 상황일수록 그것을 극복하면 더 좋은 결과가 나올 수 있습니다. 남들이 찍지 않는 상황에서 찍는다는 건 오히려 나만의 시각으로 찍을 수 있는 장점이 될 수 있으니까요.

한참 숲을 뒤지던 조 작가가 소리쳤습니다. 소리가 난 방향으로 달려가 보니 제비동자꽃이 있었습니다. 익히 봐왔던 동자꽃과 모양이 아주 달랐습니다. 가늘고 길게 갈라진 꽃잎이 맵시 고운 제비의 꽁지를 닮았습니다. 그래서 제비동자꽃이란 이름을 얻은 겁니다.

듬성듬성 자리 잡은 여러 친구 중 맵시가 가장 고운 친구를 골랐습니다. 휴대용 손전등을 두 개 꺼냈습니다. 이는 산에 오르거나 빛이 없는 상황을 대비해 항상 휴대하는 비상용 손전등입니다. 그런데 언제부턴가 이 비상용 손전등이 조명으로 자리매김하게 되었습니다. 어두워서 사진을 찍기 힘든 상황이면 주조명이 되고, 역광으로 피사체가 어두워지는 상황이면 보조 조명으로 훌륭한 역할을 합니다.

이날도 깜깜한 숲에서 손전등이 조명 역할을 제대로 했습니다. 제비동자꽃 뒤에서 꽃을 향해 손전등 하나를 비춰주고, 꽃 앞에서 꽃을 향해 손전등을 하나 비춰줬습니다. 뒤쪽에 설치한 손전등은 이에 화면 안에 들어가 새끼 생크를 집았습니다. 아주 깜깜해질 여백 부분에 자리 잡은 강한 빛이 사진 분위기를 몽환적으로 만들었습니다. 그 덕에 제비 꼬리 맵시 뽐낸 제비동자꽃이 영화의 주인공처럼 고고하게 섰습니다.

제비동자꽃

◎ 분류: 석죽과
◎ 서식지: 중부 이북 깊은 산지

동자꽃에는 큰스님을 기다리다 세상을 떠난 동자승의 아픔이 담겨 있다. 꽃말이 '기다림'인 이유도 그래서이다. 동자꽃은 전국 어디에서나 쉽게 만나지만 제비동자꽃은 강원도 깊은 산에 살며 서식지가 한정되어 있어 멸종위기종이다.

함께 보면 좋은 꽃

동자꽃
진한 주홍색 꽃이 숲 그늘에서도 쉽게 시선을 붙든다.

뻐꾸기보다 꼴뚜기

남산에서 희한하게 생긴 친구를 만났습니다. 생김이 하도 독특하여 지나칠 수가 없었습니다. 꽃의 첫인상이 무늬오징어 같았습니다. 어떻게 보니 꼴뚜기처럼 보이기도 했습니다. 윗부분만 떼서 보면 왕관 같기도 합니다. 우유 표면에 튀어오른 왕관 모양 광고가 연상된 겁니다. 아랫부분만 떼서 보면 하와이안 춤을 추는 무희의 치마처럼도 보입니다. 꽃 하나의 생김새를 두고 이리 다양한 형상이 떠오를 정도로 독특하게 생겼습니다. 사진을 찍어 조 작가에게 전송했습니다.

"오! 뻐꾹나리예요. 언젠가 꼭 봐야 할 꽃이었는데 잘됐군요. 사진 잘 찍어놓으세요. 남산에 뻐꾹나리가 다 있군요."

생각도 못 한 이답이니다. 새김새는 뻐꾸기와 나리를 섞어

떠올릴 수 없었으니까요.

조 작가가 옆에 없으니 뻐꾹나리를 검색했습니다. 우선 백합과라서 나리란 이름이 붙은 겁니다. 다음으로 '뻐꾹'이 붙은 이름의 유래는 정확하지 않지만 두 가지 설이 있습니다. 첫째는 꽃잎의 자주색 반점이 뻐꾸기 목과 가슴 사이 무늬와 닮았다는 설입니다. 뻐꾸기를 검색하여 무늬를 살폈더니 흡사하기는 합니다. 그다음으로는 뻐꾸기가 우는 시절에 꽃이 핀다는 설이 있습니다. 행여나 뻐꾸기 소리가 들리나 하여 귀 기울였으나 들리지는 않았습니다.

많은 꽃 중 각각 다르게 생긴 두 송이를 모델로 삼았습니다. 왼쪽의 꽃은 만개한 상태입니다. 아래로 처진 것은 꽃잎입니다. 위로 뻗어 왕관처럼 펼쳐진 것은 수술과 암술입니다. 수술은 하얗고 수술대 끝에 동그란 돌기가 있으며 모두 여섯 개입니다. 암술은 꽃잎과 같은 무늬가 있으며, 모두 세 개인데 끝이 두 갈래로 갈라져 있습니다.

오른쪽의 꽃은 수분을 마친 상태의 꽃입니다. 꽃잎과 수술이 떨어져 나가고 암술과 씨방만 남았습니다. 이렇게 두 꽃을 대비한 건 뻐꾹나리의 생태를 한눈에 보여주고 싶어서입니다.

비 오는 어두운 숲이라 손전등을 꺼내 꽃에 비췄습니다. 꽃에만 손전등 빛이 닿고 배경이 되는 숲엔 신비 빛이 닿지 않습니다. 고로 배경은 어둑한데 꽃만 밝게 도드라진 사진이 만들어졌습니다. 이는 밝기 차이를 이용하여 꽃이 도드라지게 하는 전형적인 조명 이용법입니다.

아주 작은 만 원짜리 손전등 하나가 수백만, 수천만 원짜리 조명 장비 효과를 냅니다. 아무리 생각해도 핸드폰과 손전등의 콜라보는 혁명적입니다. 손전등 하나가 어둑하고 배경이 복잡한 숲에서 뻐꾹나리를 살려낸 겁니다. '만원의 행복'이 아닐 수 없습니다.

뻐꾹나리

◎ 분류: 백합과
◎ 서식지: 남부 산기슭

우리나라 특산종이자 희귀종이다. 모양이 독특한 꽃은 많지만 그중에서도 유독 꽃 모양이 특별해 인기가 높다.

나물보다 꽃

곰취를 처음 알게 된 건 대관령 양떼목장에서였습니다. 십수 년 전입니다. 저녁 무렵, 양떼목장의 전영대 사장이 저녁을 먹고 가라며 손을 잡아끌었습니다. 마지못해 그러기로 했습니다. 그러고선 전 사장이 목장 가운데로 홀로 올라갔습니다. 목장 가운데에서 넓은 이파리를 한 소쿠리 따 왔습니다. 따 온 이파리는 심장 모양인데 대체로 손바닥보다 컸습니다. 전 사장이 곰취라며 설명하기 시작했습니다.

"목장을 처음 만들 때 곰취를 채취하러 온 분들이 있었습니다. 동네 할머니들인데, 겨울잠 자고 나온 곰이 이 이파리를 먹고 기력을 회복한다고 일러줬습니다. 누구는 이파리가 곰 발바닥을 닮아서 곰취라고도 했고요. 벗어 보니 쌘값 있습니다. 뭐가

다른 나물과 다르다 싶었습니다. 그래서 목장을 개간하면서도 갈아엎지 않고 곰취 군락을 보존해 두었습니다. 몇 년 후 대관령 작물연구소에서 찾아왔더라고요. 여기 목장의 곰취가 다른 것에 비해 특별하니 연구용 종자를 부탁했습니다. 그러라며 도와줬습니다. 나중에 결과가 나왔는데 약성이 다른 것과 비교할 수 없을 만큼 높게 나왔습니다.”

그렇게 나물로 처음 만났습니다. 지금은 강원도 일대 농가의 특용작물로 널리 알려져 있습니다만, 당시만 해도 ‘서울 촌놈’에겐 처음 보는 희한한 나물이었습니다. 그렇게 십수 년 곰취는 나물로 기억 속에 각인되었습니다.

9월 말, 남산 산책 중에 좀 이상한 꽃을 만났습니다. 꽃차례가 엄청나게 컸습니다. 50센티미터는 족히 넘을 정도였습니다. 게다가 동그랑땡만 한 꽃이 수도 없이 폈습니다. 아래에서 위로 올라가며 줄줄이 핀 꽃, 하도 크고 화려하여 서양 원예종인가 했습니다. 다가가서 잎을 보고 놀랐습니다. 십수 년 동안 나물로만 생각했던 곰취였습니다. 이리 화려한 꽃을 피울 줄 꿈에도 몰랐습니다. 잎이 넓고 푸른 데다 화려한 꽃을 피우니 화단에 심어 가꾼 상태였습니다.

사람이 출입 못 하게끔 줄이 둘러져 있었습니다. 사람이 다가갈 수 없을 땐 어김없이 셀카봉이죠. 핸드폰에 밀기봉 연결해

▲강원도 계곡에서 만난 곰취

일단 꽃을 클로즈업했습니다. 사진으로 확인해 보니 하나의 꽃 안에 수많은 꽃이 들었습니다. 숨이 턱 막힐 만큼 곱습니다. 이를 머리모양꽃차례라고 합니다.

이때부터 고민에 빠졌습니다. 이는 꽃 안의 꽃에 집중할 것인가, 아니면 50센티미터가 넘는 꽃차례의 규모에 집중할 것인가 하는 고민입니다. 아무래도 50센티미터 넘는 꽃차례를 한 앵글에 다 넣으면 꽃 안의 꽃을 제대로 보여줄 수 없게 됩니다.

고민 끝에 배경에 키 큰 친구 하나를 세우기로 했습니다. 먼저 앞에 선 꽃의 머리모양꽃차례가 잘 보이게끔 앵글을 정한 후, 배경에 뒤쪽 키 큰 곰취꽃이 살짝 아웃포커스가 되게끔 했습니다. 생각대로 꽃 안의 꽃인 머리모양꽃차례가 선명하며, 배경이 된 친구를 통해 크기를 가늠할 수 있는 사진이 찍혔습니다. 이제부터 각인된 기억을 새로 써야겠습니다. 곰취는 나물뿐만 아니라 꽃 또한 어느 꽃과 다르나는 것을요.

곰취

◎ 분류: 국화과

◎ 서식지: 깊은 산지

보통 나물로 알고 있지만 사실은 고산에서나 볼 법한 귀한 야생화이다. 산에서 만나도 나물로 취급해 꽃의 모양을 아는 이는 많지 않다. 미역취와 꽃이 비슷하나 미역취는 잎이 뾰족하다.

함께 보면 좋은 꽃

미역취

산과 들 어디에서나 쉽게 만난다.
8월에 꽃이 핀다.

삽주

꽃은 마음에 담고
사진으로만 가져가기

9월 중순 물매화를 찾으러 가다가 난데없이 꽃 핀 삽주를 만났습니다. 조 작가가 "이야! 삽주가 꽃을 피웠네"라며 유난히 반가워했습니다. 저 또한 반가워서 한마디 거들었습니다.

"〈나는 자연인이다〉라는 TV 프로그램에서 봤어요. 거의 불로초던데요." 이 말에 조 작가의 표정이 갑자기 일그러졌습니다.

"나는 그 프로그램 너무 싫어요. 봄엔 나물로 좋다 하니 너나없이 산에 가서 채취하고, 가을엔 뿌리의 약효가 어쩌니 저쩌니 하니 다 캐 가버립니다. 그러니 자연에서 씨가 마를 지경이잖아요."

아뿔싸 싶었습니다. 언젠가 천마산에서 조 작가가 했던 말이 떠올랐습니다.

"천마산에 현미기 없어요. 너너없이 의서 개 가비피니   이겐

천마산이 아니라 무마산으로 이름을 바꿔야 할 지경이 됐어요."

또 조 작가가 자연에서 뿌리째 캐 가는 것을 두고 늘 해왔던 말이 있습니다.

"자연에서 꽃 한 송이 캐는 일이 멸종의 시작입니다."

이런 조 작가 앞에서 불로초니 뭐니 했으니 화를 자초한 겁니다. 이럴 땐 얼른 사진에 집중하는 게 상책입니다.

비탈 산기슭에 올라 삽주 꽃과 마주했습니다. 꽃이 고와도 너무 고왔습니다. 첫인상에 빠져버렸습니다. 옆에서 꽃을 보면 창처럼 날카로운 포엽이 꽃을 호위하듯 감쌌습니다. 위에서 꽃과 마주 보면 아주 작은 꽃들이 빼곡히 모여 얽히고설킨 듯합니다. 그 모습, 플로리스트가 꽃 하나하나 매무새를 다듬어 작품으로 만든 것만 같습니다. 나물과 약초로만 알았다는 게 부끄럽네요.

조 작가가 왜 그리 표정이 굳어졌는지도 헤아려졌습니다. 그래서 삽주만 주인공인 사진이 찍고 싶어졌습니다. 조연도 필요 없는 그런 사진 말입니다. 꽃이 카메라 화면 가운데에 오게끔 앵글을 잡았습니다. 흔히 대상을 가운데 위치시키는 구도를 촌스럽다 합니다. 융통성이 없다고도 하고요. 화면의 황금분할을 이야기하며 대상이 어디어디 위치해야 한다고 합니다.

개인적으로 구도는 이야기의 방편이라 생각합니다. 우리가 이야기할 때 핵심을 앞에 누기도 하고, 뒤에 두기도 아시 합습니까? 물론 가운데에 둘 경우도 있고요. 이렇듯 사진도 이야기에 따라 핵심의 위치가 달라집니다. 이야기에 따라 달라지는 그것이 사진의 구도인 겁니다. 꽃을 가운데 둔 건 가타부타 말고 꽃을 제대로 보라는 이야기입니다. 여기서는 삽주를 꾸밀 그 어떤 수사도 필요 없습니다. 삽주만 있을 뿐입니다.

삽주

◎ 분류: 국화과

◎ 서식지: 전국 산지

삽주를 비롯해 천마, 지치, 삼지구엽초 등은 사람들이 몸에 좋다고 마구 캐서 점점 보기 어려워지는 식물들이다. 산에 있는 꽃 아니더라도 몸에 좋은 건 얼마든지 있다.

남획당하기 쉬운 꽃들

천마
뿌리 근처에 피니.
6월에 황갈색 꽃이 핀다.

삼지구엽초
잎이 세 개씩 두 차례
나서 가지 합하구엽이며,
4월에 꽃이 핀다.

산부추

꽃보다 예쁜 부추

제 고향이 경상남도 밀양입니다. 밀양은 돼지국밥으로 유명하죠. 그냥 돼지국밥이 아니라 이름에 꼭 밀양을 붙여서 '밀양돼지국밥'이라 합니다. 이 국밥의 특징 중 하나가 꼭 부추와 곁들여 먹는다는 겁니다. 참! 여기서는 부추를 '정구지'라 합니다. 이 정구지에 얽힌 재미난 이야기가 있습니다. 정월부터 구월까지 먹는다고 하여, 혹은 먹으면 구순까지 건강하게 살 수 있다 하여 正九芝, 부부간의 정이 오래가게 한다 하여 情久芝라 한답니다.

어릴 땐 정구지가 지천이었습니다. 게다가 잘라내면 또 나니 국밥에 항상 빠지지 않았습니다. 이렇듯 정구지에 대한 첫 기억이 국밥이라면, 그다음 기억은 꽃입니다. 하얀 순백의 꽃이 작은 탁구공처럼 둥글게 모여서 핀 길 봤습니다. 이런 기억에도

412

참으로 예뻤습니다. 나중에 늘 먹던 정구지 꽃이란 걸 알고선 깜짝 놀랐습니다. 그 여린 풀떼기가 이토록 고운 꽃을 피우리라고는 상상도 못 한 겁니다.

10월 중순, 바위 꽃을 찍으러 산에 올랐을 때입니다. 부추꽃과 비슷한데 뭔가 다른 분홍색 꽃을 만났습니다. 그중 한 친구는 바위틈의 흙에 겨우 뿌리 내린 채였습니다. 몇 가닥 남은 잎도 바위에 누운 채였습니다. 구불구불 휘어진 긴 꽃대도 바위에 누웠습니다. 탁구공처럼 둥글게 핀 홍자색 꽃을 단 채로요. 이 모든 게 마치 캔 산삼을 이끼에 눕혀놓은 모양새였습니다. 조 작가가 산부추라고 일러줬습니다.

"잎을 비비면 부추 향이 나고, 산에서 자라기 때문에 산부추라고 합니다. 작은 꽃들이 이렇게 뭉쳐서 피는데, 꽃마다 삐죽하게 나온 게 수술이에요. 여섯 개씩 있어요. 꽃 폭탄 같죠? 이 친구들 꽃말이 '신선'이지만 아무리 먹어도 신선 되는 건 아니에요. 요즘 재배해서 피는 게 병오이 드시는 건 그것으로 하시면 됩니다. 이 친구들 보세요. 이런 바위에서도 처연하게 살아 내고 있잖아요. 이런 친구를 먹는다는 게 말이 돼요? 산에 있는 것은 산에 두셔야 합니다."

조 작가는 이 점에선 늘 확고합니다. "산에 있는 것은 산에 두 어야 한다"라는 말, 꽃을 찍는 사람이건, 꽃을 보는 사람이건 마 음에 담아야겠습니다. 그나저나 판매하는 산부추 사서 밀양돼지 국밥에 곁들여 봐야겠습니다. 혹시 신선이 되나 한번 먹어보렵 니다.

산부추

◎ 분류: 백합과

◎ 서식지: 전국 산지

부추꽃은 흰색, 두메부추는 연보라색, 산부추는 홍자색이다. 부 추 종류 중에서는 가장 예쁘지만 산 암릉지대를 좋아해 다른 가 족과 달리 산에 가야 만날 수 있다. 단풍보다 붉은 꽃은 만날 때 마다 기분 좋게 만들어 준다.

함께 보면 좋은 꽃

두메부추

경상북도 깊은 산에 살며 꽃이 산부추 닮기다.

*

눈빛승마

8월의 화이트크리스마스

8월 한여름에 꽃 산행을 했습니다. 무더위에 웬 산행이냐며 말리는 이도 더러 있었습니다. 꽃은 다 때가 있습니다. 꽃은 사람을 기다려 주지 않습니다. 자신들의 때와 방식으로 살아갈 뿐입니다. 그들이 보고 싶다면 그들의 시간과 장소로 들어가야 합니다.

눈빛승마도 그렇게 그들의 시간으로 가서 만났습니다. 흔히 이 친구를 '8월의 눈꽃'이라고 합니다. 8월에 눈처럼 하얗게 온몸으로 꽃을 피우고, 이내 눈 녹듯 열매가 되어버립니다. 그러니 때맞춰 갈 수밖에 없습니다.

그들의 시간으로만 가면 찾는 건 그다지 어렵지 않습니다. 아무리 녹음 우거진 숲이라는 이들은 눈에 띕니다. 우선 키가 나

무만큼 큽니다. 어떤 친구는 2미터가 넘기도 합니다. 새하얀 꽃이 원뿔 모양 솜사탕처럼 맺힙니다. 이 모습을 두고 '8월의 눈꽃'이라 하는 겁니다. 이름 또한 눈빛승마인 이유입니다.

멀리서 보면 빛이 반짝반짝하는 듯합니다. 숲에 바람 따라 빛이 들어왔다 나갔다 할작시면 윤슬이 일 듯 하얀 꽃이 일렁입니다. 다가가서 보면 작은 꽃마다 수많은 수술이 솟아 있습니다. 일제히 폭죽 터지듯 그렇게 수없이 솟았습니다. 가까이서 보니 알겠습니다. 왜 꽃이 빛에 따라 윤슬 일렁이듯 했는지…

눈빛승마 사진을 찍기 위해 태양과 마주했습니다. 눈빛승마는 태양과 카메라 사이에 들었습니다. 숲 그늘이라 이 친구에게 아직 빛이 들지 않았습니다. 오래지 않아 바람이 빛의 길을 터줄 겁니다. 할 일은 빛이 들기를 기다리는 것뿐입니다. 드디어 바람이 터준 숲길을 따라 빛이 듭니다. 일순에 꽃이 일렁입니다. '8월의 눈꽃', 그들이 숲에 내렸습니다.

눈빛승마

◎ 분류: 미나리아재비과

◎ 서식지: 전국 깊은 산지

눈개승마도 이렇게 꽃이 새하얗지는 않다. 8월 숲속을 눈부시
게 수놓는 승마는 눈빛승마와 촛대승마이다. 향기도 좋다. 눈빛
승마 곁을 지나면 꽃 특유의 상큼한 향이 코를 자극한다. 눈개승
마, 눈빛승마, 촛대승마, 나도승마 등 승마도 종류가 여럿 있지
만 눈빛승마를 만났을 때 제일 기분이 좋다.

함께 보면 좋은 꽃

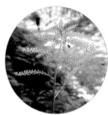

눈개승마

5월에 꽃이 피며 꽃 색은

나도승마

800미터 이상의 고산에만 피며
승마 잎사귀와 꽃이 비슷하다.
멸종위기종이나.

둥근잎꿩의비름

바위틈에 생을 걸다

이 친구는 우리나라 3대 바위 꽃 중 하나입니다. 동강할미꽃, 분홍장구채와 마찬가지로 바위에 터를 잡고 삽니다. 흙 한 톨, 먼지 한 줌에 뿌리 내린 이들의 삶, 하나같이 처연합니다. 살아간다는 것, 살아낸다는 것, 삶을 잇는다는 것, 이 모두 기적입니다. 그런데도 하나같이 곱습니다.

둥근잎꿩의비름, 곱기로 둘째가라면 서러울 터입니다. 분홍빛 쌔끈한 꽃, 하나하나가 별 모양이니 옹기종기 별 모둠입니다. 조 작가가 들려주는 둥근잎꿩의비름 이야기는 이렇습니다.

"꿩의비름 중에서 제일 귀한 게 둥근잎꿩의비름입니다. 색깔이 제일 강하기도 하고요. 주로 바위에 피고, 줄기가 아래쪽으로 늘어지며, 기는 성질을 갖고 있습 딴 꽃에 비해서 이럴세 는

어지니까 꽃보다 오히려 잎이 더 예쁘다는 소리도 많이 들어요. 잎이 동글동글한 게 연잎 같기도 합니다. 얼마 전까지만 해도 바위 꽃 3종 세트가 다 멸종위기종이었죠. 그런데 이 친구는 복원에 성공했고, 더는 남획 위험도 사라져 지금은 멸종위기에서 벗어났다고 합니다."

멸종위기를 벗어났다니 천만다행입니다. 원래 이 친구는 청송 주왕산이나 포항 내연산이 주거지입니다. 주왕산 깃대종이 둥근잎꿩의비름이기도 하죠. 주왕산에서도 복원을 위해 둥근잎꿩의비름을 많이 심었다고 해요. 사실 이 친구 사진을 찍은 곳이 주왕산도 아니고 내연산도 아닙니다. 바위가 있는 적합한 자연에서 복원 중인 친구입니다.

복원 중인 이 친구의 위치를 공개하면 혹여나 손 탈까 싶어 위치 공개는 못 합니다. 그런데 이 친구를 두고 사람이 심은 것이니 자연산이 아니라는 주장도 있나 봅니다. 이런 주장이 있다는 것을 알기에 조 작가가 특별히 당부했습니다.

"아무리 식재된 둥근잎꿩의비름이라도 자생지 또는 비슷한 환경에 심어 스스로 잘 살게끔 한 겁니다. 앞으로 5년, 10년 지나면 자연산과 마찬가지가 아닐까요? 그냥 두면 멸종될 터인데 어찌 그냥 두고 보겠습니까? 이렇게라도 복원해야죠. 그것 또한 이들을 지키는 일 중 하나입니다."

  100퍼센트 공감합니다. 뒷짐 지고 지켜보고만 있을 수 없는
상황이니까요.

  사진 모델로 줄기가 아래쪽으로 늘어진 친구를 골랐습니다.
둥근잎꿩의비름의 특징인 기는 성질을 보여주기에 적합한 친
구였습니다. 마침 꽃이 바위 아래 틈까지 내려와 있습니다. 꽃
에만 빛이 들고 바위틈 안은 빛이 들지 않습니다. 맨눈으론 바
위틈 안이 훤히 보입니다만, 사진에선 바위틈 안은 까맣게 표현
됩니다. 이는 밝음과 어두움의 차이가 크기 때문입니다. 이 차
이가 클수록 콘트라스트가 강한 사진이라고 합니다. 콘트라스
트가 강할수록 사진은 더 극적으로 표현됩니다. 극적인 둥근잎
꿩의비름의 삶처럼요.

둥근잎꿩의비름

◎ 분류: 돌나물과

◎ 서식지: 경상북도 주왕산과 내연산

바위에 뿌리를 걸쳐놓고 거꾸로 늘어진 삶이 치열하면서도 아름답다. 꽃 전체가 다육질이며 줄기가 땅을 기는 습성이 있어 바위 아래로 늘어져 장관을 연출한다. 큰꿩의비름, 꿩의비름, 새끼꿩의비름, 세잎꿩의비름이 가족이다.

함께 보면 좋은 꽃

꿩의비름

8월에 꽃이 피며 꽃은
붉은빛이 도는 흰색이다.

새끼꿩의비름

산에서 산다.
8월에 연두색 꽃이 핀다

✢
자 라 풀

웅덩이에 피는 매화

새벽녘에 살포시 내린 비 그친 아침, 서울 남산에 들렀습니다. 노랑어리연꽃이 보고 싶었기 때문입니다. 꽃에 주렁주렁 물방울이 달리길 잔뜩 기대한 터였습니다. 남산 품에 자그만 연못이 있습니다. 아주 작은 못이지만 철따라 꽃을 품으니 오가며 들여다본 게 십수 년입니다. 이날은 노랑어리연꽃 필 즈음이니 순전히 이 친구 하나 보려 못에 들렀습니다.

노랑어리연꽃 터전에서 독특한 친구를 만났습니다. 물에서 삐죽 오른 꽃대가 10센티미터 남짓입니다. 그 꽃대 끝에 1센티미터나 될까 말까 하는 하얀 꽃을 달고 있는 친구였습니다. 비 온 뒤라 꽃이 전혀 벙글어지지 않았는데도 자꾸 눈길이 갔습니다.

우선 얇디얇은 꽃잎이 오묘했습니다. 오므려 있는데도 속

이 비칠 듯 말 듯했습니다. 그다음엔 물에 뜬 채 하트 모양인 이 파리가 독특했습니다. 사진을 찍어 조 작가에게 전송했습니다. 뭔가를 발견했을 때 조 작가에게 물어보면 즉시 답이 옵니다.

"자라풀이에요. 잎이 미끈하고 윤기가 난 게 자라 같다고 하여 붙인 이름이죠. 꽃이 매화처럼 아름답다고 하여 지매地梅라 불리기도 합니다."

조 작가의 답을 듣고선 기다렸습니다. 지매라 하니 꽃잎이 벙글어진 모습이 보고 싶어졌습니다. 게다가 얇은 꽃잎 안쪽에 살짝 비치는 노란 암술과 수술도 봐야 하니 기다렸습니다. 기다리며 검색해 본 자라풀 꽃말에 피식 웃음이 났습니다. 꽃말이 '기다림'입니다.

어떻게 보면 자연을 상대로 사진을 찍는 것은 기다림의 연속입니다. 사람이 자연을 대할 땐 기다리는 것 외에 달리 다른 방법이 없습니다. 어떨 땐 기다림이 사진의 전부일 때도 있습니다. 아침나절 내내 기다렸습니다. 기다리며 알았습니다. 저만 꽃잎이 열리기를 기다린 게 아니란 것을요. 자그마한 곤충 한 마리가 벙글어지는 꽃에 찾아들었습니다. 아마도 아침나절 내내 기다렸을 곤충일 겁니다. 결국 기다려서 벙글어진 '기다림의 꽃'을 만났습니다.

자라풀

◎ 분류: 자라풀과

◎ 서식지: 전국 늪지, 웅덩이, 도랑

고민하다가 야생 수생식물을 넣기로 했다. 8월이면 작은 웅덩이
나 도랑, 논에도 온갖 예쁜 꽃들이 피어난다. 물옥잠, 물양귀비,
부레옥잠, 자운영, 사마귀풀, 보풀, 벗풀, 자귀풀… 야생화가 먼
곳에만 있는 것은 아니다. 논두렁, 무덤가, 주변 늪지 등 관심만
있으면 어디에서든 아름다운 꽃을 만날 수 있다.

함께 보면 좋은 꽃

벗풀

8월에 논, 웅덩이에 피며
보풀과 꽃 모양이 흡사하다.

사마귀풀

논, 늪지 등 얕은 물에서
자란다. 꽃받침이
꽃잎처럼 보인다.

가을

9~10월

바위 위에 세운 불교왕국

"앙코르와트를 발견한 기분이지 않나요?" 정선 너덜겅 비탈에서 발견한 정선바위솔 군락을 두고 조 작가가 한 말입니다. 저 또한 외마디 탄성만 나올 뿐이었습니다. 눈을 의심할 정도였습니다. 바위 무더기 비탈에 고이 숨겨진 '비밀의 정원'이나 다름없었습니다.

바위솔은 어릴 적에 많이 봤습니다. 기와지붕에 자라는 터라 '와송瓦松'이라 불렀습니다. 흙도 없는 기와에서도 꿋꿋하게 사는 모습이 볼 때마다 신비하다 생각했습니다. 하지만 꽃이 핀 와송을 제대로 본 적은 없었습니다.

정선바위솔을 만나기 2주 전, 서울 성북동에서 우연히 와송을 발견했습니다. 튼실한 꽃대를 올리고 기왓시붕에 꿋꿋이 서

있었습니다. 이제 막 틘 꽃에 벌들이 수시로 찾아들었습니다. 난데없이 만난 터라 반갑기도 합니다만, 남의 집 지붕에 핀 꽃이니 제대로 볼 수가 없습니다. 그나마 셀카봉에 핸드폰을 연결하여 겨우 사진을 찍었습니다. 찍은 사진으로만 꽃을 감상할 수 있을 뿐, 눈으로 꽃을 제대로 못 보니 영 아쉬웠습니다.

이런 차에 조 작가가 정선바위솔을 보러 가자고 했습니다. 정선으로 달려 어둑할 무렵 도착했습니다. 너덜겅을 오르내리며 찾다가 바위에 터 잡은 정선바위솔을 여럿 만났습니다.

곱게 꽃을 틔운 채였습니다. 꽃대에 빼곡하게 핀 꽃들, 아무리 앙증맞은 작은 꽃일지라도 그 안에 꽃잎 다섯 개, 암술 다섯 개, 수술 열 개씩으로 꽃 모양을 다 갖추고 있습니다. 어떤 친구는 꽃대가 30센티미터가 넘습니다. 꽃대엔 작은 꽃이 수도 없이 들었습니다. 또 어떤 친구는 위부터 아래까지 색이 다릅니다. 게다가 아래에 키 작은 꽃들을 여럿 거느리기도 했습니다.

이렇듯 정선바위솔은 생김과 색이 저마다 다릅니다. 하지만 먼지 같은 흙에 실낱같은 뿌리를 박은 채 살아내고 있는 건 다 마찬가지입니다. 조 작가가 들려주는 바위솔 이야기는 애달픕니다.

"우리나라에 바위솔이 한 10여 종 돼요. 그중에서 정선바위솔 색깔이 특히 아름다워요. 옛날 사람들은 바위솔보다 기와에서 자라는 와송이라는 이름에 더 친숙하죠. 그런데 기와지붕

개량하고, 몸에 좋다고 캐 가니 귀한 꽃이 돼버린 겁니다.

생태가 좀 재미있는 꽃이기도 해요. 얘가 사실은 다년생이거든요. 그런데 보통 2년이나 3년이면 다 죽어버려요. 꽃을 피우고 열매를 맺으면 말라죽어요. 그러니까 살모사 같은 꽃인 거죠. 그래서 다년생인데도 불구하고 꽃을 첫 번째 해에 피우면 1년생, 두 번째 해에 피우면 2년생, 세 번째 해에 피우면 3년생, 이렇게 끝이 난다는 거죠. 삶이 좀 슬프죠."

꽃을 보고자 오매불망했는데, 이 꽃이 그들 삶의 마지막 종착지라니 여간 짠한 게 아닙니다. 정선바위솔 '비밀의 정원'에서 한동안 머물렀습니다. 그들 삶의 마지막 모습이니 좀 더 지켜보고 싶었습니다. 사실 더 어두워지기를 기다렸습니다. 손전등 빛을 비춰 정선바위솔이 더 도드라지게 할 요량입니다.

땅거미가 내려앉고서야 손전등을 비췄습니다. 어둠 속에서 빛 받은 꽃이 오롯이 사진에 맺혀 왔습니다. 꽃은 열매를 퍼뜨린 후 사그라지겠지만, 그 열매는 또 다른 '비밀의 정원'을 만들 것이란 기대를 품고 돌아왔습니다.

며칠 후 청천벽력 같은 소식을 들었습니다. 지인의 SNS에 그 '비밀의 정원' 사진이 등장했습니다. 꽃 하나 없이 텅 빈 바위인 채였습니다. 누군가가 모조리 긁어 가버린 겁니다. 억장이 무너지는 듯했습니다. 정선바위솔이 퍼뜨린 열매가 또 다른 '비밀의 정원'을 만들 것이란 기대가 무너져 내렸습니다. 이날의 사진이 이 친구들의 '영정사진'이 돼버렸습니다. 초지일관 조 작가가 한 말이 가슴을 쳤습니다.

"꽃 하나 캐 가는 데서 멸종이 시작됩니다."

정선바위솔

◎ 분류: 돌나물과
◎ 서식지: 강원도 정선과 평창

바위 표면에 붙어 산다. 진주바위솔, 포천바위솔 등 바위솔에는 지방 이름이 많이 붙는데, 그 지방에 살며 환경에 맞게 조금씩 변화했기 때문이다. 난쟁이바위솔, 좀바위솔을 제외하면 모양과 크기가 다들 비슷하며 그중 정선바위솔 색이 제일 예쁘다.

함께 보면 좋은 꽃

바위솔
가장 일반적인 형태이며
햇볕 기와지붕에서 자라
와송이라고도 한다.

난쟁이바위솔
깊은 산에 살며 8월에
작은 꽃들이 모여 핀다.

곰의 쓸개보다 더 써서
용의 쓸개

10월의 마지막 날, 인천 승봉도에서 용담을 만났습니다. 전혀
기내 못 한 조우였습니다. 꽃 보러 간 게 아니었기 때문입니다.
해변을 걷다가 무심코 산기슭으로 고개를 돌렸습니다. 누런
풀숲에 보랏빛이 비쳤습니다. 풀숲을 헤치며 산기슭에 올랐습
니다. 억세디억센 풀들 사이에서 용케도 용담이 살아 있었습
니다.

  조 작가 없이 홀로 꽃을 만날 땐 꽃 정보와 함께 꽃말도 꼭 찾아
봅니다. 꽃말에 꽤 재미있는 이야기가 담겨 있기도 하니까요. 용
담의 꽃말은 '당신이 슬플 때 나는 사랑한다'입니다. 이 말을 한참
곱씹다가 찾아봤습니다. 복효근 시인이 1993년에 발간한 시집
제목이고 동명의 시도 있습니다.

당신이 슬플 때 나는 사랑한다

내가 꽃피는 일이

당신을 사랑해서가 아니라면

꽃은 피어 무엇하리

당신이 기쁨에 넘쳐

온누리 햇살에 둘리어 있을 때

나는 꽃피어 또 무엇하리

또한

내 그대를 사랑한다 함은

당신의 가슴 한복판에

찬란히 꽃피는 일이 아니라

눈두덩 찍어대며 그대 주저앉는

가을 산자락 후미진 곳에서

그저 수줍은 듯 잠시

그대 눈망울에 머무는 일

그렇게 나는

그대 슬픔의 산 높이에서 핀다

당신이 슬플 때 나는 사랑한다

이 시에 한동안 머물게 돼버렸습니다. 나중에 조 작가에게서 용담에 대한 재미있는 이야기를 듣게 되었습니다.

"용담꽃은 주로 8월에서 10월 사이에 피는데요. 11월까지 피는 친구도 더러 있어요. 이때 기온이 낮아지면 호박벌이 추위를 피하기 위해 용담을 찾습니다. 그러면 용담이 꽃을 오므려요. 그렇게 용담꽃은 호박벌을 위해 보온해 주고, 호박벌은 용담을 위해 꽃가루받이를 해주는 거죠."

그렇다면 용담의 애절한 사랑은 호박벌인가요? 진작 알았다면 죽치고 앉아 용담에 호박벌이 들기를 기다렸을 텐데요. 여간 아쉬운 게 아닙니다. 이래서 사진 찍기보다 품은 이야기를 먼저 알아야 합니다. 사진보다 이야기가 우선입니다. 늘 이리 말하면서도 늘 지키지 못해 후회합니다. '당신이 슬플 때 나는 사랑한다'를 마음에 새기고 다가올 늦가을 꽃 시즌을 고대해야겠습니다.

용담

◎ 분류: 용담과
◎ 서식지: 전국 산지 풀밭

맛이 쓰기로 유명한 식물이다. 전국 산지라고 했지만 정작 만나기는 쉽지 않다. 비슷한 꽃으로 과남풀이 있는데 깊은 산속에 살아 용담보다 보기가 어렵다. 용담에 비해 꽃잎을 잘 열지 않으며 꽃 안쪽에 붉은 점이 없는 것으로 구분한다.

함께 보면 좋은 꽃

과남풀

색이 용담보다 여리고
대체로 꽃잎을 닫고 있다

구슬붕이

용담을 크게 줄인 모습이다.
양지바른 곳에 산다

억새밭에서 보물찾기

"난지도 하늘공원에 가서 야고를 찾아보세요." 억새꽃이 막 피기 시작할 무렵, 조 작가가 전화통화로 야고를 찾아보라고 했습니다. 사실 야고란 식물 이름은 처음 들어봅니다. 그러니 조 작가의 세세한 설명이 필요했습니다. 전화로 들려준 야고의 이야기는 이렇습니다.

"억새 뿌리에 기생하는 기생식물인데요. 원래는 제주도에나 가야 볼 수 있어요. 자생지도 열 곳 미만이고 개체 수도 워낙 적죠. 그런데 그 야고가 난지도에 있어요. 아마 억새밭을 조성하면서 제주도 억새에 딸려 오지 않았나 싶어요. 보물찾기 하듯 한번 찾아보세요."

가을이면 난지도는 억새꽃 흐드러진 허허벌판이 됩니다. 그래전엔 악취 진동했던 쓰레기더미였습니다. 여기를 지나다닐 때 차 안에서도 코를 막아야 할 정도였죠. 그 쓰레기더미에 언제부턴가 억새 공원을 조성해 억새꽃 하늘거리는 하늘공원을 만든 겁니다. 그곳에 야고가 터를 잡았으며 꽃까지 피웠다니 찾아 나섰습니다.

하늘공원 억새밭은 드넓습니다. 한 바퀴 도는 데만도 꽤 시간이 걸릴뿐더러 억새 공원 사이로 난 길을 오가며 찾아야 합니다. 어차피 꽤 시간이 걸릴 터니 마음 천천히 먹고 훑었습니다. 이때 눈으로만 훑는 게 아닙니다. 빼곡한 억새 숲을 손으로 헤치며 바닥을 살펴야 합니다. 영락없는 보물찾기입니다. 그리고 언제나 보물찾기가 그렇듯, 거의 막바지에 가야 찾는 게 나타나는 법이죠.

그렇게 야고를 찾아냈습니다. 억새 숲 바닥에 끼리끼리 모여서 숨어 있었습니다. 대체로 한 뼘 언저리인 친구들이 빼곡한 억새 사이에 숨었으니 여간 찾기가 쉽지 않더군요. 갈색 줄기에 분홍빛 감도는 꽃을 피운 채였습니다. 그 오묘한 분홍빛이 그토록 찾던 보물이었던 겁니다.

사진을 찍기 위해선 몇 가지 준비가 필요했습니다. 그들이 터 잡은 곳은 빛이 좀처럼 들지 않습니다. 엽록소가 없어 광합성을 필요로 하지 않으니 그들에게 빛이 필요 없는 거죠. 그들에게

쓸모없는지 몰라도 사진엔 어느 정도의 빛이 필요합니다. 최소한 꽃의 색감을 제대로 표현해 줄 빛, 뭉쳐난 갈색 줄기를 구분해 줄 빛이 필요했습니다.

야고를 담뱃대더부살이라고도 합니다. 긴 꽃줄기와 그 끝에 맺힌 꽃·꽃자루 모양이 곰방대와 비슷하여 그리 부릅니다. 빼곡한 억새 숲에서 담뱃대더부살이의 생김새가 도드라지게 하려면 더더욱 빛이 필요했습니다.

조 작가가 옆에 없으니 홀로 이 모든 것을 해결해야 합니다. 우선 측면에서 꽃줄기와 꽃의 라인을 살려줄 손전등을 오른손에 들었습니다. 왼손에 핸드폰 카메라를 들었고요. 그리고 입에 비교적 빛이 약한 손전등 하나를 물었습니다. 입에 문 손전등은 꽃과 꽃줄기 부분의 그림자를 밝혀줄 용도입니다. 그림자는 오른쪽 손에 든 손전등으로 만들었죠. 만약 입에 문 손전등이 없다면, 빛이 닿지 않은 줄기와 꽃은 상당히 어둡게 찍힙니다.

이 모습 상상해 보십시오. 쭈그려 앉아 한 손엔 핸드폰, 한 손에 손전등, 입에는 손전등을 문 모습을요. 누가 봐도 참 옹색한 모양새입니다. 그런데 말입니다. 비밀스러운 야고의 삶을 사진으로 담는데 이 정도 옹색함이 대수겠습니까? 옹색함은 잠깐이고 사진은 영원합니다.

야고

◎ 분류: 열당과
◎ 서식지: 한라산, 난지도 하늘정원

억새 포기에 붙어 사는 기생식물이다. 양하와 사탕무 뿌리에도 기생한다. 기생식물이란 엽록소가 없어 광합성을 하지 못해 다른 생명체에 붙어 양분을 얻는 식물을 말한다. 겨우살이, 새삼, 백양더부살이, 가지더부살이, 초종용 등 종류가 많다.

함께 보면 좋은 꽃

초종용
쑥 뿌리에 기생한다.
바닷가에 살며
5월에 꽃이 핀다

가지더부살이
나무 뿌리에 기생한다.
깊은 산에만 살며
6월에 꽃이 핀다

*
물매화

우리나라에서
가장 아름다운 야생화

"물매화가 우리나라에서 제일 아름다운 야생화라는 사실을 실감하시겠죠?" 평창에서 물매화 사진을 찍고 있는 내게 조 작가가 한 말입니다. 실제로 보면 가히 그러합니다. 게다가 사진을 찍어보면 더 실감합니다. 눈으론 가물가물한 그 무엇을 사진으로 찍어 확대한 순간 깜짝 놀랐습니다. 꿀 구슬을 주렁주렁 단 수술, 마치 여왕의 왕관처럼 보였기 때문입니다. 조 작가의 물매화 예찬이 이어집니다.

"가운데에 립스틱을 바른 입술처럼 붉은 게 몇 개 있죠? 이게 수술인데 평창 물매화의 특징입니다. 이 붉은 수술 때문에 '립스틱 물매화', '연지 물매화'라 부릅니다. 사실 물매화가 제주도, 소백산 등 여기저기 많은 편입니다. 그러니 엄청나게 귀한

꽃은 아니에요. 그런데도 물매화를 우리 야생화 중 제일로 꼽는 이유가 헛수술 때문입니다.

빨간 수술 뒤쪽으로 다섯 헛수술이 올라와 있죠? 그 헛수술에서 꿀샘 같은 게 여남은 개씩 올라와 있습니다. 그게 바로 헛꿀샘이에요. 보통 꽃들이 꿀로 벌레를 유혹합니다. 그런데 얘는 꿀이 없습니다. 그래서 몸을 아름답게 할 필요가 있었어요. 헛꿀샘으로 스스로를 치장한 거죠. 꽃 이름에 매화가 붙은 건 매화를 닮아서라기보다 아름답기 때문이에요. 물매화도 그래서 매화라는 이름이 붙었죠."

물매화라는 이름에서 짐작이 가듯 이 친구들은 주로 물가에 터를 잡습니다. 물가인 만큼 삶이 녹록지 않습니다. 엎친 데 덮친 격으로 장마에 쓸리고, 태풍에 쓸리게 마련인 거죠. 그 고초를 겪고도 꽃을 피워낸 생명력이니 경외심이 듭니다.

물매화 사진의 관건은 헛수술과 헛꿀샘이 도드라지게 만드는 데 있습니다. 이 헛꿀샘은 배경이 어두울수록 더 보석처럼 빛납니다. 비교적 어두운 배경을 찾으려고 둘러봤습니다. 하지만 비가 흩뿌리고 흐린 날이라 어두운 배경을 찾기가 만만치 않습니다. 그래서 편법을 썼습니다. 검은색 모자를 꽃 뒤에 두어 배경이 되게끔 했습니다.

너무나 간단한 편법에 비해 결과는 놀랍습니다. 모자를 꽃 뒤에 위치한 그 순간, 헛꿀샘과 헛수술이 온전히 핸드폰 액정에 맺혀 옵니다. 왕관을 쓴 '꽃의 여왕'이나 다름없습니다. 조 작가가 이른 봄부터 내내 물매화를 찍어야 한다고 말한 이유, 우리나라 야생화 중 가장 아름다운 게 물매화라고 말한 이유가 사진에 이렇게 맺혔습니다.

물매화

◎ 분류: 물매화과
◎ 서식지: 깊은 산 습지

식물이 곤충을 유혹하려는 노력은 늘 감동적이다. 금괭이눈은 잎까지 샛노랗게 물들이고 산수국은 꽃보다 더 예쁜 헛꽃을 만들어 곤충을 유혹한 후 수분이 끝나면 거꾸로 뒤집는다. 쥐다래는 잎을 흰색으로 바꾼다. 물매화는 헛수술을 만들어 유혹한다. 아름다운 헛수술은 곤충뿐 아니라 사람까지 매료시킨다. 우리나라에서 야생화를 하나만 보라면 난 물매화를 선택하겠다.

해 국

바닷가의 가을을 수놓다

누가 뭐래도 가을은 들국화의 계절입니다. 구절초, 쑥부쟁이, 감국, 산국, 해국이 우리네 삶터는 물론 깎아지른 바위이며, 너른 들녘에서 하늘거립니다. 늘 우리 삶과 어우러진 꽃이라 더 살가운 우리 꽃들입니다.

이렇듯 우리 곁에 있는 들국화 중 해국만큼은 곁에서 보기가 쉽지 않습니다. 그들을 보려면 바닷가로 가야 합니다. 그래서 먼 길을 달려 삼척에 이르렀습니다. 촛대바위가 먼발치에 보이는 바닷가 바위, 해국이 바위마다 터 잡고 가을 거립니다.

해국의 생명력은 놀랍습니다. 드센 동해의 바람, 소금기 밴 공기만으로도 살아내기 쉽지 않을 터인데, 몸 가눌 흙 한 줌조차 없는 데서 저리 살아내 꽃 피웁니다. 실낱같은 바위틈을 뚫

450

▼인천 승봉도 해국: 해국 중에서 흰색은 귀하다.

고 들어가 살아내는 생명력, 우리 들꽃 해국입니다. "들국화 중 해국이 제일이다"라며 조 작가가 이야기를 풀어놓습니다.

"이 친구들 원산지가 울릉도와 독도예요. '바다 해海'를 써서 해국이라는 이름을 얻었는데 해를 기다리는 꽃이라 해서 해국이라고 하는 사람도 있습니다. 사실 꽃말이 '기다림'이거든요. 기다림이란 단어, 가을이란 단어, 바다라는 단어와 가장 잘 어울리는 꽃이 해국입니다. 보세요. 바위에 망부석같이 펴서 뭔가를 기다리고 있는 거 같지 않나요?"

듣고 보니 딱 그렇습니다. 사실 해국을 보러 삼척까지 온 이유가 바다를 배경으로 바위에 붙어 핀 모습을 찍을 수 있기 때문입니다. 그러니 해국이 품은 이야기를 찍기엔 더할 나위 없습니다. 다만 날씨가 흐렸습니다. 날이 좋으면 하늘이 파랗거나 바다가 푸른 사진을 찍을 수 있습니다만, 흐린 날엔 언감생심입니다. 그래도 흐린 날에 어울리는 사진이 있습니다.

흐릴수록 아련함은 더해집니다. 기다림을 품은 아련함, 해국이 품은 이야기를 표현하기엔 흐린 날이 더 나아 보입니다. 바위에 붙어 오롯한 해국을 찾았습니다. 땅과 바다와 하늘로 기다림은 이어집니다. 그 어우러짐만으로도 해국은 '망부화'입니다.

해국

◎ 분류: 국화과
◎ 서식지: 바닷가 바위틈

국화는 가을을 수놓는 꽃이기도 하지만 한 해의 꽃 시즌을 마무리하기도 한다. 구절초나 쑥부쟁이류가 7~8월에 꽃을 피우지만 해국, 산국, 감국은 10월이 가까워서야 꽃을 피운다. 대부분의 지역에서 한 해의 꽃구경이 끝났음을 알리는 것이다. 해국은 바닷가 바위에 붙어 필 때가 가장 아름답다. 한 번 본 사람은 결코 잊지 못할 아름다움이다.

함께 보면 좋은 꽃

산국
전국 산야 어디에서나 핀다.
꽃이 뭉쳐 피며
배위 높서빠 많나

감국
주로 바닷가에 많이 핀다.
꽃이 흩어 피고
해사면 유씬 ㅗ시이나,

독수리의 기상을 그대로 닮은 꽃

대덕산 능선을 타면서 조 작가가 뭔가 가리키며 찍어두라고 했습니다. 아주 이상히게 생긴 깃입니다. 임만 봐도 꽃처럼 생기지 않았습니다. 1미터 넘는 가지 끝마다 마치 철퇴 같은 게 달렸습니다. 호두과자만 한 크기에 빙 둘러 가시가 솟았으니 영락없는 철퇴였습니다. 더구나 색마저 거무튀튀하니 눈곱만큼도 곱게 여겨지지 않았습니다.

조 작가는 대체 왜 그 흉측한 것을 꼭 찍어두라 했을까요? 그러고서는 조 작가가 앞서 가버렸습니다. 그러니 무엇인지도 모르고 찍어야 했습니다. 워낙 칙칙하여 웬만한 배경에선 제대로 보이지도 않을 정도였습니다. 가장 단순한 배경을 찾아야 했습니다. 그나마 파란 하늘을 배경으로 하는 게 최선책이었습니다.

엉거주춤 주저앉아 아래에서 밑으로 올려보며 찍었습니다. 그
제야 철퇴 같은 그 무엇의 생김새가 제대로 드러났습니다. 저
안에 든 게 궁금하면서도 솟은 가시에 찔릴까 하여 손댈 엄두가
안 났습니다. 조 작가에게 가서 대관절 무엇인지 물었습니다.

"수리취예요. 그게 꽃망울이에요. 가시처럼 삐죽 솟은 게 총
포總苞이고요."

"아! 단오에 먹는 수리취떡을 만드는 그 수리취요?"

"네, 그래요. 그 수리취예요. 취 종류 중에서 잎이 조금 큰 편
에 속하죠. 봄에 그걸 뜯어서 찹쌀과 멥쌀을 섞어 떡을 만들어
요. 또 하나 재미있는 게 옛날엔 수리취를 부싯길로 사용했다더
군요."

"부싯길이라뇨?"

"부싯돌로 불을 붙일 때 불씨가 되는 것을 부싯길이라고 하잖아요. 말린 수리취를 손으로 비비면 하얀 섬유소가 남거든요. 그걸 부싯길로 쓰는 거죠."

"아! 그렇군요. 그건 그렇고 저 밤톨 같은 꽃망울 저대로 꽃인가요?"

"물론 아니죠. 9~10월이면 머리 쪽이 갈라지면서 수술이 먼저 나옵니다. 그런 다음 수술 사이에서 암술이 솟아 나와요."

이때가 8월 20일 즈음이었습니다. 그러니 적어도 10여 일 더 있어야 제대로 핀 꽃을 볼 수 있는 겁니다. 다 핀 꽃을 못 봐 아쉬워도 어쩔 수 없는 노릇입니다. 그래도 조 작가의 설명을 듣고 나름 마음이 훈훈해졌습니다. 거무튀튀한 철퇴 같아 흉측하게 여겨졌던 그 무엇이 꽃망울이었던 겁니다. 그 꽃망울이 수많은 꽃을 품어 키우고 있는 겁니다. 무식하게도 생명을 품고 있는 꽃망울을 흉측하다 했습니다. 겉만 보고 지레 판단해선 안 되겠습니다. 이렇게 꽃에서 또 하나 배워갑니다.

수리취

◎ 분류: 국화과
◎ 서식지: 깊은 산지

우리한테는 수리취떡으로 잘 알려졌지만 산에서 만나면 그 위용과 기개에 한참을 머물게 된다. 꽃이 피기 전과 핀 후 그리고 지고 난 후의 모습이 거의 변화가 없다. 취라는 이름의 식물도 많다. 곰취, 미역취를 비롯해 참취, 분취, 서덜취, 단풍취 등등. 수리취는 그중에서도 제일 크고 제일 높은 곳에 살고 제일 웅대하다.

함께 보면 좋은 꽃

분취
30센티미터 정도의 꽃이다.
은분취, 서덜취 등이 비슷하게 생겼다.

*
나도송이풀

난 송이풀이 아니에요

산길을 걷다가 분홍 꽃에 하얀 밥풀이 두 개 놓인 듯한 꽃을 발견했습니다. 그래서 조 작가에게 나도 아는 꽃 있다는 듯이 "며느리밥풀꽃이다"라고 소리쳤습니다. 조 작가가 "그건 세상에 없는 꽃이다"라고 답했습니다. "밥풀 두 개가 있잖아요"라며 따지듯 응수했습니다. 응수가 끝나기 무섭게 1초의 망설임도 없이 조 작가가 답했습니다. "밥풀 두 개 있는 건 며느리밥풀꽃이 아니고 꽃며느리밥풀이에요. 그리고 지금 이 친구는 꽃며느리밥풀이 아니고 나도송이풀이고요."

　나도 아는 꽃 있다며 잘난 체하려다가 본전도 못 건졌습니다. 언뜻 봤을 땐 꽃며느리밥풀과 똑 닮았습니다만, 송이풀과 닮았다 하여 이름에 '나도'가 붙은 나도송이풀이었습니다. 특히 우

458

▲ 나도송이풀

◄ 분홍색 송이풀

▶ 흰색 송이풀

리 들꽃 이름은 참 어렵습니다. 듣고 돌아서면 잊기 십상입니다. 그런데 조 작가와 함께하며 꽃 이름의 유래를 듣고, 꽃에 담긴 이야기를 들은 후부터 꽃 이름이 머리에 쏙쏙 박힙니다.

"반¥기생식물이에요. 다른 식물의 뿌리에서 양분을 빼 먹으면서 자라죠. 꽃만 보면 참 예쁜데 속은 알 수 없는 느룹이에요..

460

사람 겉만 봐서는 모르듯이요. 그래서인지 이 친구들의 꽃말이 '욕심'인가 봐요."

조 작가의 설명을 듣고 사진을 다시 찍었습니다. 꽃을 바라보는 각도를 달리하며 이리저리 살펴보는 순간, 입을 쫙 벌린 상어가 눈앞에 나타났습니다. 아랫니는 물론 윗니까지 다 보입니다. 이 사진의 제목은 더 고민할 필요도 없습니다. '욕심쟁이 나도송이풀'입니다.

9월에 이 사진을 찍은 후 사무실로 돌아와서 송이풀을 검색해 봤습니다. 검색하다가 깜짝 놀랐습니다. 난데없이 내 외장하드에서 분홍색 송이풀과 흰색 송이풀이 나타났습니다. 8월에 직접 찍었는데도 찍은 기억조차 못 한 겁니다. 심지어 흰색 송이풀은 독특하게 찍혔습니다. 꽃이 회오리 돌듯 맺혔습니다. 그런데도 기억을 못 했습니다. 나도송이풀은 기억에 각인되고 송이풀은 까마득히 잊은 이유가 뭘까요? 바로 꽃이 품은 이야기를 알고 사진을 찍은 것과 전혀 모르고 찍은 차이였습니다.

나도송이풀

◎ 분류: 현삼과
◎ 서식지: 전국 산기슭

이름이 송이풀이지만 송이풀과는 생김새도 성격도 다르다. 꽃은 오히려 꽃며느리밥풀과 비슷하나 꽃며느리밥풀보다는 꽃이 더 크고 잎도 갈라진다. 한해살이 반기생식물이라 광합성도 하고 뿌리를 주변 식물에 연결해 영양분과 수분을 얻기도 한다.

함께 보면 좋은 꽃

꽃며느리밥풀
8월에 꽃이 핀다.
나도송이풀과 꽃이
비슷하지만 훨씬 작다.
잎은 작고 끝이 뾰족하다.

애기송이풀
멸종위기종으로
4월에 꽃이 피고
계곡 주변에 산다.

들꽃이여, 안녕

잎이 지는 10월, 늦가을에 비로소 피는 꽃이 있습니다. 바로 좀
딱취입니다. 우리 땅에서 가장 늦게 피는 늦둥이 꽃입니다. 꽃
은 5밀리미터 남짓입니다. 작아도 너무 작습니다. 그런데도 조
작가는 이 꽃을 꼭 봐야 한다며 안면도에 갔습니다. 그 이유가
뭘까요?

　"우리 꽃을 찾는 이들이 가장 슬퍼하는 꽃입니다. 기온이 영
하로 오르락내리락하는 시기라서 좀딱취를 마지막으로 우리
땅에 더는 꽃이 피지 않아요. 원래 제주도에만 있는 줄 알았는
데, 남부 해안가에 더러 피더라고요. 여기 안면도가 북방한계선
이에요. 더 위로는 피지 않으니 예까지 와서 어떻게든 봐야죠.
우리 땅의 마지막 꽃을…"

이 앙증맞은 꽃 안에 치열한 그들의 삶이 오롯이 담겼습니다.

"아직 덜 핀 꽃처럼 보이는 애들이 있죠? 다 핀 거예요. 그걸 폐쇄화라 합니다. 꽃받침, 꽃잎도 안 연 채 그 안에서 저희끼리 자가수정을 해버려요. 벌레가 드물고 추우니 최소한의 종족보존을 위한 방편인 거죠. 가장 효율적으로 씨앗을 맺는 방법이긴 한데 자가수정하게 되면 열성이 돼버려요. 그래서 그들은 또 다른 생존 전략을 대비해 두었습니다. 그래도 아직은 벌레들이 전혀 없는 게 아니니까 타가수정을 위해 개방화도 피우는 거죠. 사실 얘들은 암술과 수술이 따로 있지 않고 수술의 꽃밥이 떨어지고 나면 암술이 돼요. 어떻게든 개방화로 타가수정을 해서 열성을 벗어나려는 생존 본능이 이리 진화하게 한 거죠."

이 꽃 저 꽃 사진을 찍으며 살펴보니 대체로 한 개체에 수술이면 수술, 암술이면 암술을 달고 있습니다. 그런데 아주 재미있는 친구를 발견했습니다. 수술과 암술이 어우러진 꽃을 단 친구입니다. 두 개체가 나란히 자리 잡았는데 뒤에 키 큰 친구는 폐쇄화와 함께 수술을 달고 있습니다. 수술은 붉고 끝이 뭉툭합니다. 앞에 친구가 특별하게 수술과 암술을 함께 달고 있습니다. 오른쪽 꽃은 수술, 왼쪽 나머지 두 꽃은 암술로 변한 꽃입니다. 암술은 끝이 흰색이며 갈래로 나누어집니다. 결국 사진 한 장에 수술과 암술, 개방화와 폐쇄화가 모두 담겼습니다. 어떻게

든 살아내어 자손을 퍼뜨리겠다는 그들의 생존 전략이 사진 한 장에 다 담겼습니다.

마지막은 늘 아쉽기 마련입니다. 영하의 날씨에도 불구하고 핀 손톱보다 작은 꽃, 척박한 환경에서 피운 꽃이라 더 기특하고, 더구나 우리 땅의 마지막 꽃이라니 애잔합니다. 제아무리 아쉬워도 꽃들의 시간은 여기까지입니다. 이른 봄의 복수초부터 늦가을의 좀딱취까지 조 작가의 이야기와 함께했습니다.

꽃의 이야기를 알게 되니 꽃의 삶이 보였습니다. 꽃의 삶을 알게 되니 꽃의 의미가 다가왔습니다. 의미 없는 삶이 없듯 의미 없는 꽃은 없습니다. 꽃이 꽃으로 존재하는 것, 그것이 그들의 의미였습니다.

좀딱취

◎ 분류: 국화과

◎ 서식지: 제주도, 남해안, 안면도

우리나라에서 제일 나중에 피는 꽃이다. 햇볕도 벌레도 모두 떠난 쓸쓸한 산지에 홀로 피어 한 해를 마감한다. 그래서 키도 꽃도 작다. 하지만 그 어느 때보다 열악한 시기에, 그 누구보다 강인하게 꽃을 피워낸 아이가 아닌가. 아듀, 내년에 다시 만나자.

함께 보면 좋은 꽃

단풍취

좀딱취보다 크다. 꽃은 비슷하게 생겼으며 8일에 핀다.

나가며

권혁재 기자를 처음 만난 것은 2019년 11월, 권 기자의 『권혁
재의 핸드폰 사진관』이 '서점인이 뽑은 올해의 책'으로 선정되
었을 때였다. 나야 그와는 생면부지였지만 책을 출간한 동아시
아 출판사의 초대를 받아 호기심에 시상식에 참석했다가 그만
뒷풀이 자리까지 끼어들었다. 어느샌가 권 기자가 옆에 앉았기
에 술 몇 잔 나누면서 내가 불쑥 그런 이야기를 꺼냈다. "핸드폰
으로 야생화 찍는 이야기를 해도 재미있을 것 같아요. 요즘 야
생화에 관심 있는 사람들이 많은데 사진 찍는 법도, 야생화 이
야기도 잘 모르거든요."

　그러고는 까맣게 잊었다. 어차피 술자리에서 멋쩍은 김에 인
사 차 한 이야기가 아닌가. 그런데 얼마 후 권 기자가 연락을 해
온 것이다. 중앙일보에서 제작 허락을 받았다며 함께 해보자는
이야기였다. 중앙일보 동영상 콘텐츠로 만들기로 했으니 권 기

자는 사진 이야기를 하고 난 꽃 이야기를 하면 된단다. 난감해진 것은 오히려 나였다. 동영상에 출연할 생각도 없거니와, 나는 야생화를 좋아할 뿐이지 야생화 전문가도 아니지 않은가. 『전마산에 꽃이 있다』라는 야생화 입문서를 내기는 했지만, 그 책은 꽃을 설명하는 내용이 아니라 꽃에 대한 감상을 적은 수준에 불과하다. "그럼 저보다 꽃을 잘 아는 사람이 나을 겁니다. 제가 소개해 드릴 수 있어요." 권 기자는 그런 사람은 자기도 많이 안다면서 이야기했다. "꽃을 전문으로 다룰 생각은 없습니다. 우리한테는 이야기가 필요하지 전문 지식이 필요한 건 아니에요. 저도 알아봤는데 조 작가님이 적격이세요." 그렇게 해서 만든 동영상들은 중앙일보 홈페이지에 있는 '권혁재 핸드폰사진관'에서 확인할 수 있다.

그리고 1년 반 동안, 우리는 2020년 2월 복수초를 시작으로 들꽃을 찾아 전국을 헤매고 다녔다. 안면도, 설악산, 태백산, 금대봉, 천마산, 화악산, 광덕산, 군산, 익산, 제부도… 대한민국을 대표할 만한 야생화 100종을 정해놓고, 꽃이 피는 시간을 따져 제주도를 제외한 온 나라를 헤집고 다닌 것이다. 수도 없이 길을 헤매고 조난 위험에 처하기도 했지만 나로서는 평생 가장 행복한 시절이었다. 운전을 못 하는 탓에 그간 다른 사람의 사진으로만 만났던 꽃들까지 취재차량을 타고 다니며 눈 맞춤할 수 있었으니.

공동 저자로 이름을 올리기는 했지만 이 책은 분명 권혁재 기자의 책이다. 야생화에 대해 잘 알지도 못하고 관심도 많지 않았던 사람이, 그들이 들려주는 이야기에 눈을 떠가며 사랑에 빠지는 시간을 기록한 글이기 때문이다. 세상에서 가장 아름다운 이야기가, 처음 만난 상대와 조금씩 가까워지며 소금씩 사랑이게 되는 이야기 아니겠는가.

그런 그가 사진을 찍고 글을 써냈다. 그 과정에서 난 권 기자와 꽃을 만나게 해준 중매쟁이에 불과히다. 꽃 사진이야 내게도 얼마든지 있다. 하지만 그와 내가 그렇게 전국을 헤맨 까닭은 권 기자가 직접 보고, 직접 사진을 찍어야 하기 때문이었다. 무엇보다 꽃과 사랑에 빠져야 하기 때문이었다. 그래서 책은 피치 못할 경우를 제외하고는 모두 권 기자가 직접 찍은 핸드폰 사진과 직접 쓴 글로 구성했다. 그가 꽃의 길을 묻고 그가 꽃의 마음을 들여다보았다. 꽃들에게 삶의 길을 물었다. 내가 책에 이름을 올린 것은 단지 중매쟁이로서 어느 정도 몫을 다했다고 믿었기 때문이다.

그렇게 우리의 일은 모두 끝났다. 하지만 권 기자는 지금도 우리 꽃을 보러 산야를 찾고 식물원에 들른다 이름을 모르는 꽃이 있으면 내게 카톡을 보내 이름과 유래를 묻기도 한다. 나보다 더 깊이 꽃과 사랑에 빠진 것이다.

『살아 있는 동안 꼭 봐야 할 우리 꽃 100』, 나로서는 고민에 고민을 거듭해 100종의 꽃을 정했다. 하지만 우리나라에 봐야 할 야생화가 어디 100종뿐이겠는가. 우리나라에는 난초류만 해도 100종이 넘고 제비꽃도 60종을 훌쩍 넘는다. 바람꽃 종류만 해도 12종이다. 다만 오랜 세월 야생화를 찾아 산야를 다니던 경험에 비추어, 가급적 이야기와 사연이 있는 꽃들을 중심으로 하나씩 하나씩 빈칸을 채워냈다. 그 밖의 비슷한 유형의 꽃들은 '함께 보면 좋은 꽃'으로 묶어 꽃 이야기 말미마다 덧붙였으니, 가벼운 야생화 입문서 역할도 가능하리라 믿는다. 그런 점에서 너무 흔한 꽃이나 너무 귀한 꽃은 아쉽게도 이름을 올리지 못했다. 해오라비난초, 나도밤의귀 삩ㄴ 꽃ㅌㅗ ㅣㅲ에ㅣ마나기가 불가능에 가깝지만 꽃을 보호한다는 차원에서 제외하기로 했다.

　이런 프로젝트가 다 그렇듯, 여러 사람의 도움이 없었다면 처음부터 불가능했을 것이다. 낯선 동네에 찾아가 낯선 꽃들을 찾아야 하는 일이다. 그때마다 반겨주고 안내해 준 분들이 여럿이다. 권 기자가 「들어가며」에도 밝혔지만, 그 밖에도 책이 나오기까지 동아시아 출판사 여러분, 특히 담당 편집자와 디자이너가 애를 많이 써주셨다. 편집에서 사진 선정, 전체적인 구성까지 이들의 손길과 마음 씀씀이가 닿지 않은 곳이 없다. 책이 번듯할 수 있다면, 적어도 절반은 그 덕이다. 기꺼이 취재차량을 내주신 중앙일보 관계자님, 고된 길, 먼 길을 마다 않고 우리를 안전하게 목적지까지 데려다주신 기사님들께도 감사 인사를 드린다. 무엇보다 이리바리한 안내지를 믿고 끝까지 따라와 어려운 프로젝트를 마무리 해준, 책의 주인공 권혁재 기자님께 머리 숙여 감사드린다. 지난 한 해 나를 가장 행복하게 만들어 주신 분이다.

2021년 9월 남양주에서

조영학

살아 있는 동안 꼭 봐야 할 우리 꽃 100

권혁재의 핸드폰 카메라가 담은 사계절 들꽃 이야기

ⓒ 권혁재·조영학, 2021. Printed in Seoul, Korea

초판 1쇄 찍은날	2021년 9월 14일
초판 1쇄 펴낸날	2021년 9월 27일
지은이	권혁재·조영학
펴낸이	한성봉
편집	하명성·신종우·최창문·이종석·이동현·김학제·신소윤·조연주
콘텐츠제작	안상준
디자인	정명희
마케팅	박신용·오주형·강은혜·박민지
경영지원	국지연·강지선
펴낸곳	도서출판 동아시아
등록	1998년 3월 5일 제1998-000243호
주소	서울시 중구 퇴계로30길 15-8 [필동1가 26]
페이스북	www.facebook.com/dongasiabooks
인스타그램	www.instargram.com/dongasiabook
전자우편	dongasiabook@naver.com
블로그	blog.naver.com/dongasiabook
전화	02) 757-9724, 5
팩스	02) 757-9726

ISBN   978-89-6262-388-8   03480

※ 잘못된 책은 구입하신 서점에서 바꿔드립니다.

만든 사람들

책임편집	신종우
크로스교열	안상준